茶文化述说
刘玉霞 著

图书在版编目（CIP）数据

茶文化述说 / 刘玉霞著. -- 北京 : 中国商业出版社, 2020.11
ISBN 978-7-5208-1506-2

Ⅰ. ①茶… Ⅱ. ①刘… Ⅲ. ①茶文化—中国 Ⅳ. ①TS971.21

中国版本图书馆CIP数据核字(2020)第254019号

责任编辑：于子豹　袁　娜

中国商业出版社出版发行
010-63180647　　www.c-cbook.com
（100053　北京广安门内报国寺 1 号）
新华书店经销
福建省天一屏山印务有限公司印刷
★
787毫米 ×1092毫米　16开　8.5 印张　150 千字
2020 年 11 月第 1 版　　2020 年 11 月第 1 次印刷
定价：48.00 元
★★★★

目录

一／茶与历史

“茶之为饮，发乎神农氏，闻于鲁周公。”——陆羽《茶经》。在中国文化发展史上，把一切与农业、植物相关的起源都归结于神农氏，而中国饮茶就源于神农的说法，也因民间传说则衍生出了许多不同的观点。有人认为茶是神农在野外以釜锅煮水时，刚好有几片叶子飘进锅中，煮好的水，其色微黄，入口生津止渴、提神醒脑，以神农过去尝百草的经验，判断它是一种药而被发现，这是有关中国饮茶起源最普遍的说法。也有人则从语音上加以附会，神农有一个“水晶肚子”，由外观可见食物在胃肠中蠕动的情况。当他尝茶时，发现茶在肚内到处流动，把肠胃洗涤得干干净净，神农称这种植物为“查”，后再转成“茶”字。

（一）先秦时期

先秦时，中国茶的饮用和生产，主要流传于巴蜀一带。晋常璩《华阳国志·巴志》记载：“周武王伐纣，实得巴蜀之师……茶蜜……皆纳贡之。”这一记载表明在周朝武王伐纣时，巴国已经将茶与其他珍贵产品纳贡给周武王了。《华阳国志》中记载，那时已有人工栽培的茶园。

巴蜀范围较大，居住民族除巴族和蜀族之外，还有濮、苴、共、奴等其他少数民族。这些民族在夏商和西周时，还停留在原始氏族阶段，至春秋、战国期间，在中原文化的影响下，由原始走向文明。《诗经·国风·邶风·谷风》有“谁谓荼苦，其甘如荠”，《诗经·国风·豳风·七月》有“采荼樗薪”，《诗经·大雅·绵》有“堇荼如饴”，上述诗中“荼”指苦菜，即茶。春秋以前，最初茶叶因药用价值而受到人们关注。古代人类直接含嚼茶树鲜叶，汲取茶汁，在咀嚼中感受茶叶的芬芳、清口、收敛、提神……久而久之，茶的含嚼成为人们的一种嗜好，该阶段是茶之为饮的前奏。

《晏子春秋》记载：“晏子相景公，食脱粟之饭，炙三弋五卵茗菜而已。”晏婴作齐景公宰相时，吃的是粗粮、烧烤的是禽鸟和蛋品，除此之外只饮茶，这说明茶在当时已被上层社会所认可。

（二）汉朝

通过各种记载和考古发现，两汉间的茶事越来越丰富。茶叶正是在这个时代成为商品，种植茶叶的第一个人被后来的人记录在这个时代，而历史上有关茶叶的第一个文献，也在这个时代诞生。南宋地理学家王象之在其地理名著《舆地纪胜》中说：“西汉有僧从岭表来，以茶实蒙山。”后来的典籍也记载了中国最早种植茶的年代。当地一直就有西汉吴理真于四川蒙山亲植茶树的传说，吴理真成为人类植茶史上最早被记载的种茶人。《舆地纪胜》成书于南宋，岭表即今天的岭南，关于西汉僧人从岭表带来种茶传统，有后人表示疑义，而吴理真其人的真实情况，在他生活的西汉时代的史书中也无明确记载。然而，被各类后世史志笔记记载的西汉蒙山产茶，依然还是可信的。

1. 汉人王褒所写《僮约》

论茶的起源，可追溯到汉代，汉人王褒所写的《僮约》关于茶的内容记载如下：

“烹茶尽具，已而盖藏……牵牛贩鹅，武阳买茶……”其中的“已而盖藏”

作“餔已盖藏”，“牵牛贩鹅”作“牵犬贩鹅”。

这句话的大意为：烧水煮茶候品饮，事后收拾杯具藏……牵牛卖鹅上集市，武阳城里买好茶。王褒（公元前90年—公元前51年），字子渊，蜀资中（今四川省资阳市）人，西汉著名辞赋家、官员，与扬雄并称“渊云”。王褒一生留下《洞箫赋》等辞赋16篇，《桐柏真人王君外传》1卷，明末辑为《王谏议集》。《僮约》写于神爵三年（公元前59年）正月十五，大意为王褒寓居成都安志一个叫杨惠的寡妇家里，经常打发其家中叫“便了”的佣人买酒。便了不情愿，又怀疑王褒与杨氏关系暧昧，竟跑到主人墓前诉说不满。王褒得悉此事后，便在元宵节这天，花钱从杨氏手中买下便了为奴。便了不情愿，要求王褒在契约中写明所干杂事。王褒擅长辞赋，便信笔写下这篇约600字，题为《僮约》的契约，列出他一天需要做的工作。

2. 西汉司马相如《凡将篇》记载“荈诧”

西汉司马相如著有《凡将篇》一书，书中记载“荈诧”。《茶经·七之事》引司马相如《凡将篇》记载：“乌啄、桔梗、芫华、款冬、贝母、木蘖、蒌、芩、草、芍药、桂、漏芦、蜚廉、藿菌、荈诧、白敛、白芷、菖蒲、芒硝、莞椒、茱萸。”

司马相如（公元前179年—前118年），字长卿，汉族，蜀郡成都（今四川成都）人，西汉著名辞赋家、官员，与扬雄、班固、张衡并称“汉赋四大家”，代表作有《子虚赋》《上林赋》《大人赋》《长门赋》《美人赋》等。《凡将篇》仅38字，记载了19种植物、1种矿产，其中“荈诧”，即茶的两种别名。

3. 西汉扬雄《方言》记茶名

《茶经·七之事》引扬雄《方言》记载：“蜀西南人谓茶曰蔎。”这句话意为蜀地西南一带称茶为“蔎”。扬雄（公元前53年—18年），字子云，蜀郡成都（今四川成都）人，西汉著名辞赋家、学者、官员。扬雄少年好学，博览群书，长于辞赋。年四十余，始游京师长安，以文见召，奏《甘泉》《河东》等赋，成帝时任给事黄门郎。王莽时任大夫，校书天禄阁，是司马相如之后西汉著名的辞赋家，与司马相如、班固、张衡并称“汉赋四大家”，与王褒并称“渊云”，著有《太玄》《法言》《方言》《训纂篇》《蜀都赋》等。

《茶经述评》举扬雄《蜀都赋》：“百华投春，隆隐芬芳；蔓茗荧郁，翠紫青黄。”认为其中“茗”字即茶。据多种史料记载而判断，此“茗”非茶，与“萌”近义，意为高远。这句话大意为：春天百花齐放，幽香芬芳；藤蔓茂盛攀高绕远，花果翠紫青黄。与下文张载《七命》所记“茗邈岧遥”中“茗”字同解。这足以说明当时蜀地“茗”作别解，“茗”为多义字。

西汉时，成都不但是我国茶叶的消费中心，而且是我国最早的茶叶集散中心。

（三）三国

三国时期，茶事有了进一步发展，《茶经·七之事》引张揖《广雅》记载：“荆、巴间采茶叶作饼，叶老者，饼成以米膏出之。欲煮茗饮，先炙令赤色，捣末置瓷器中，以汤浇覆之，用葱、姜、橘芼之。其饮醒酒，令人不眠。”这段记载了当时制茶和饮茶的方式，将采摘的茶叶进行加工，做成茶饼，叶子老的，要加米糊才能成形。用火焙之至颜色变成赤色，用茶碾将焙好的茶叶碾成细末，后倒入锅中，再加上葱、姜等调料，煮好后即可饮用，可以醒酒，还能提神。这些都是现在制茶的雏形，再加入油膏，制成茶饼，装入瓷器中保存。

张揖，生卒未详，字稚让，三国时魏国清河（今属河北）人，著名经学家、训诂学家、官员，于魏明帝太和年间（227—232年）担任博士。张揖博学多闻，精通文字训诂，所著《广雅》10卷，共18000多字，体例篇目依照《尔雅》，按字义分类相聚，释义多用同义相释之法。因博采经书笺注及《三苍》《方言》《说文解字》等书增广补充，故名《广雅》，这是研究古代汉语词汇和训诂的重要著作，被称为最早的百科辞典；另有《埤苍》3卷，是研究古代语言文字的专著。此外他还著有《古今字诂》《司马相如注》《错误字谍》《难字》等。

而三国时期以茶代酒的故事，说明茶已经普遍存在。《三国志·吴志》（公元285年前后）孙皓“以茶当酒”的故事，由书《韦曜传》记载，孙皓嗣位后，常举宴狂饮，韦曜酒量不大，孙皓初识曜时特别照顾，“常为裁减，或密赐茶荈以当酒”。

陆羽在《茶经》里记载：三国时吴国第四代国君孙皓在位17年，公元280

年晋武帝司马炎六路出兵攻吴，孙皓出降，后封“归命侯”。他每次设宴，座客至少铭酒七升，虽可不完全喝干，但要斟上，并亮盏说干。博学多才的韦曜酒量不过两升，孙皓对他以礼相待，暗中赐茶。可以说孙皓开创了以茶代酒之先例。

无论是《三国志》还是《茶经》中的相关记载，都说明当时华中地区饮茶已比较普遍。因为孙皓“初见”韦曜的日子，也是他做皇帝的第二年。孙皓是吴永安七年（公元 264 年）即位，不久，他效法乃祖孙权，把国都（公元 265 — 266 年）迁至宜昌。由此可见，孙皓以茶代酒的史实，可能是其迁都宜昌时所发生的故事。

三国时，孙吴据有现在苏、皖、赣、鄂、湘、桂一部分和粤、闽、浙全部陆地的东南半壁河山，这一地区可以说是我国茶业传播、发展的主要区域。

（四）两晋南北朝时期

到了两晋、南北朝，茶叶从原来珍贵的奢侈品逐渐成为普通饮料。唐朝以前，人们把饮茶叫“茗饮”，和煮菜而饮汤一样，用于解渴或佐餐。这种说法可由北魏人杨衒所著的《洛阳伽蓝记》中描写窥得。此书中记载，当时喜欢“茗饮”的主要是南朝人，北方人日常则多饮用“酪浆”。此书中记载了这样一则故事：北魏时，南方齐朝的一位官员王肃向北魏称降，刚来时不习惯北方吃羊肉、酪浆的饮食，便常以鲫鱼羹为饭，渴则饮茗汁，一饮便是一斗，北魏首都洛阳的人均称王肃为“漏卮”，意思是永远装不满的容器。几年后，北魏高祖皇帝设宴，宴席上王肃食羊肉，酪浆甚多，高祖便问王肃：“你觉得羊肉比起鲫鱼羹来如何？”王肃回答道：“莒附庸小国，鱼虽不能和羊肉比美，但正是春兰秋菊各有好处。只是茗叶熬的汁不中喝，只好给酪浆作奴仆。”这个典故一经传开，茗汁就有了“酪奴”的别名。这段记载说明茗饮是南人时尚，上至贵族朝士，下至平民均有好者，甚至是日常生活之必需品，而北人则歧视茗饮。此外，当时饮茶属牛饮，甚至有人饮至一斛二升，与后来细酌慢品的饮茶大异其趣。

茶是因作为饮料而驰名，茶文化实质上是饮茶文化，是围绕饮茶活动所形成的文化现象。茶文化是在茶被用作饮料之后产生的，两晋南北朝是中华茶文化的酝酿时期。

1. 茶与宗教结缘

两晋南北朝是道教的形成和发展时期，这一时期印度佛教也在我国传播和发展。佛教提倡座禅，饮茶可以镇定精神，夜里饮茶可以驱睡，其清淡、虚静的本性和驱睡疗病的功能广受青睐。茶之声誉，遂驰名于世，一些名山大川僧道寺院所在山地和封建庄园都开始种植茶树。

最初我国许多名茶，都是在佛教和道教圣地种植，如四川蒙顶、庐山云雾、黄山毛峰，以及天台华顶、雁荡毛峰、天日云雾、天目云雾、天目青顶、径山茶、龙井茶等，都是在名山大川的寺院附近出产，由此可见，佛教和道教信徒对茶的栽种、采制、传播有积极的影响。

2. 茶文学初兴

晋宋时期的《搜神记》《神异记》《搜神后记》《异苑》等志怪小说集中已有关于茶的故事。孙楚的《出歌》、张载的《登成都白菟楼》、左思的《娇女诗》、王微的《杂诗》是早期的涉茶诗；西晋杜育的《荈赋》是文学史上第一篇以茶为题材的散文，文章才辞丰美，对后世茶文学创作颇有影响；南北朝时鲍令晖撰有《香茗赋》，惜散佚不存。

（1）西晋孙楚《歌》记“姜、桂、茶荈出巴蜀”

《茶经·七之事》引西晋孙楚《歌》云：“茱萸出芳树颠，鲤鱼出洛水泉。白盐出河东，美豉出鲁渊。姜、桂、茶荈出巴蜀，椒、橘、木兰出高山。蓼、苏出沟渠，精、稗出中田。”《歌》或称《出歌》，记录了当时作者所见所闻，“特产”多数为泛指，其中写到“茶荈出巴蜀”。孙楚（？—293 年），字子荆，太原中都（今山西省平遥县）人，西晋文学家、官员，出身于官宦世家，曹魏骠骑将军孙资之孙，南阳太守孙宏之子，史称“才藻卓绝，爽迈不群”。孙楚少时想隐居，曾任镇东将军石苞参军，晋惠帝初为冯翊太守；元康三年（293 年）卒于任上。孙楚著有文集 6 卷。

（2）西晋张载诗记“芳茶冠六清”

《茶经·七之事》引西晋张载《登成都白菟楼》诗句：“芳茶冠六清，溢味播九区。人生苟安乐，兹土聊可娱。”其中，“六清”指水、浆、醴、醇、医、酏。“九区”即“九州”，泛指全国。张载，生卒年不详，字孟阳，安平（今河北安

平）人，文学家、官员。张载性格闲雅，博学多闻，曾任佐著作郎、著作郎、记室督、中书侍郎等职。西晋末年世乱，托病告归，与弟张协、张亢以文学著称，时称“三张”，其代表作有《七哀诗》等，明人辑有《张孟阳集》。该诗共32句，前16句谈成都飞宇层楼、物饶民丰和高甍长衢的城市景况；下阕借蜀郡汉代巨富程、草二家的奢华生活，极言成都茶叶的闻名遐迩。另有张载弟张协《七命》写道：“摇刖峻挺，茗邈苕峣。晞三春之溢露，溯九秋之鸣飙。”其中“茗”与上文扬雄《蜀都赋》中“茗”同义，作“高远”解。

（3）《荆州土地记》

这部书的撰写人及成书年代不详。这部书早佚，现存的两条茶叶资料，一见于《齐民要术》引文，其称“浮陵茶最好”；一见于《北堂书钞》，其载：“武陵七县通出茶，最好。”《齐民要术》中所说“浮陵”，当为“武陵”之误。这两条资料都称武陵产的茶“最好”。据考证，《荆州土地记》似是西晋时代作品。西晋时我国的茶叶是否以武陵为最好，可从东晋前期常璩《华阳国志》的有关内容得到证明。

（4）晋朝郭璞《尔雅·释木》记载“蜀人名之苦荼”

《茶经·七之事》引郭璞《尔雅注》云：“树小如栀子，冬生，叶可煮作羹饮。今呼早采者为荼，晚取者为茗，或一曰荈，蜀人名之苦荼。”该文是郭璞对《尔雅·释木》“槚、苦荼”词条的注释，其中“早采为荼，晚取为茗”比较著名，注释中说到蜀人称茶为苦荼。

郭璞（276—324年），字景纯，河东郡闻喜县（今山西省闻喜县）人，西晋末、东晋初著名文学家、训诂学家、道家方士、官员。建平太守郭瑗之子。郭璞自少博学多识，又随河东郭公学习卜筮。永嘉之乱时，他为了避乱南下，被宣城太守殷祐及王导征辟为参军；晋元帝时拜佐著作郎，与王隐共撰《晋史》；后为大将军王敦记室参军，以卜筮不吉劝阻王敦谋反而遇害。王敦之乱平定后，追赠弘农太守。郭璞好古文、奇字，精天文、历算、卜筮，长于赋文，尤以“游仙诗”名重当世，曾为《尔雅》《方言》《山海经》《穆天子传》《葬经》作注，流传于世，明人有辑本《郭弘农集》。

（5）东晋常璩《华阳国志》五处记茶四处属巴蜀地区

常璩（约291—361年），字道将，蜀郡江原（今四川成都崇州）人，东晋著名史学家、官员，所著《华阳国志》先后五处记茶，其中四处属于巴蜀地区。

《华阳国志·巴志》开篇第三段记载：其地，东至鱼复，西至僰道，北接汉中，南极黔涪。土植五谷，牲具六畜，桑蚕麻苎，鱼盐铜铁、丹漆茶蜜，灵龟巨犀、山鸡白雉，黄润鲜粉，皆纳贡之。其果实之珍者，树有荔枝，蔓有辛蒟，园有芳蒻香茗，给客橙葵。其药物之异者，有巴戟天椒。竹木之贵者，有桃支灵寿。其名山有涂、籍、灵台、石书、刊山。当代包括《茶经述评》等很多与茶文化相关的文章都将该部分内容与《巴志》开篇第二段中的内容相接："……周武王伐纣，实得巴蜀之师，著《尚书》。巴师勇锐，歌舞以凌殷人，殷人倒戈。故世称之曰'武王伐纣，前歌后舞'也。武王既克殷，以其宗姬于巴，爵之以子……"大部分书刊文章在连接二三两段内容时，中间使用省略号，有的甚至直接连接，究其原因，一是周代巴地之茶已上贡给周武王；二是周代巴地已开始人工种茶。其实这是误读。《巴志》开篇第一、二段记载的是历史沿革，第三段记载特产、民风。"武王伐纣"只是历史沿革之一，阅读时不能将第三段两处茶事内容直接联系到"武王伐纣"的周代。如按此说法，则可追溯为当地更早年代的贡品，也并非特指周代，因为周代之前，当地已有管辖之国君、诸侯，也会有特产朝贡。就方志来说，所列多为当时晋朝所见特产。如上述《巴志》所列特产，除非特别注明某特产为某年代贡品，一般理解其中"以茶纳贡""园有香茗"两处茶事，仅指作者著述的年代。

由于各地特产都在不断引进、发展，所以不能将这些特产都列为该地历史沿革中的最早年代。据任乃强《华阳国志校补图注》附注，《巴志》所列 18 种贡品，系三国蜀汉学者"谯周《巴志》原所列举"，依此，最早可追溯为三国时代贡品。《巴志》又载："涪陵郡，巴之南鄙……惟出茶、丹、漆、蜜、蜡。"涪陵郡为今日四川彭水、黔江、酉阳等地。《华阳国志·蜀志》记载："什邡县，山出好茶。"

《蜀志》又载："南安、武阳，皆出名茶。"南安，今四川乐山市；武阳，今四川彭山县。《华阳国志·南中志》所载茶产地为今云南地区，非巴蜀茶事："平夷县，郡治有津、安乐水，山出茶、蜜。"平夷县即今云南富源县。

（6）《晋书·恒温列传》

《晋书·恒温列传》（646 年）称："桓温为扬州牧，性俭，每宴惟下七奠，柈茶果而已。"在《晋中兴书》中，王世几陆纳尚茶的故事，更能说明问题。"陆纳为吴兴太守时，卫将军谢安尝欲诣纳，纳兄子怪纳无所备，不敢问之，乃私蓄十数人馔。安既至，纳所设唯茶果而已。俶遂陈盛馔，珍馐毕具。及安去，纳杖

做四十，云，汝既不能光益叔父，奈何秽吾素业。”由此可知，这时茶已成为某些达官贵人用以标榜节俭和朴素的物品。随着北方士族的南迁，南方特别是江东各地礼制比以前有所加强，作为日常生活中越来越时尚的饮茶，也越来越多地被吸收到礼俗中。刘宋时的《世说新语·纰漏第三十四》（440年前后）中有相关故事，西晋有一个叫任瞻的官吏，晋室南渡时漂泊不定，后来流落到了南京，“时贤共至石头（今南京地名）迎之，犹作畴日相待，一见便觉有异，坐席竟下饮”。在东晋时建康一带，已普遍出现以茶待客的礼仪。又如《南齐书·武帝本纪》（6世纪前期）载，永明十一年（公元493年）七月，齐武帝临终时诏称：“我灵上慎勿以牲为祭，唯设饼、茶饮、干饭、酒脯而已，天下贵贱，咸同此制。”通过用诏谕的形式颁布全国，这无疑是对风俗的一大推动和促进。

西晋都城在洛阳，永嘉之乱后，晋室南渡，北方士族过江侨居，东晋、南朝建康成为我国南方政治中心。这一时期，我国长江下游和东南沿海茶业因上层社会的崇尚，也迅速地发展起来。西晋时，皇室和世家大族荒淫无耻，斗奢比富，腐化到极点。一些皇室或世家大族流亡到江南以后，鉴于过去失国的教训，生活一改奢华之风，倡导以俭朴为荣。正是东晋、南朝统治阶级“借重茶叶”的需要，使得我国南方尤其是江东一带饮茶和茶叶文化有了较大发展。

（7）《神异记》

（西晋—隋代之间）载：“余姚人虞洪，入山采茗，遇一道士，牵三青牛，引洪至瀑布山，曰：山中有大茗，可以相给，祈子他日有瓯牺之余，乞相遗也。”

《永嘉图经》（失传，年代不详）载：“永嘉县东三百里，有白茶山。”由上可见，这一时期我国东南植茶由浙西扩展到今温州、宁波沿海一带。

（8）《桐君录》

《桐君录》所载：“西阳、武昌、晋陵皆出好茗。”晋陵是今常州的古名，其茶出宜兴，表明东晋和南朝时长江下游宜兴一带的茶叶发展情况。

3. 茶艺萌芽

茶艺，即饮茶艺术，是艺术性的饮茶，是饮茶生活艺术化，包括选茶、备器、择水、取火、候汤、习茶的程式和技艺。杜育的《荈赋》中有对于茶艺的描写，择水：“水则岷方之注，挹彼清流”，择取岷江中的清水；选器：“器择陶简，出自东隅”，茶具选用产自东隅（今浙江上虞一带）的瓷器；煎茶：“沫沉华浮，焕如积雪，晔若春”。煎好的茶汤，汤华浮泛，像白雪般明亮，如春花般灿心；

酌茶："酌之以匏，取式公如。"用匏瓢酌分茶汤。

（五）隋朝

隋朝历史较短，关于茶的记载也较少，不过，由于隋朝统一全国并修凿了一条沟通南北的运河，所以，它对于促进我国唐朝经济、文化以及茶业发展有其不可忽略的积极意义。

众所周知，唐朝尤其是唐朝中期，中国茶业有一个很大发展的时期。如封演在其《封氏闻见记》（8世纪末）中所说："古人亦饮茶耳，但不如今人溺之甚；穷日尽夜，殆成风俗，始自中地，流于塞外。"这就是说，茶叶从唐朝中期起，便是南人好饮的一种饮料，从南方传到中原，由中原传到边疆少数民族地区，一下变成了我国的国饮，所以我国史籍有茶"兴于唐"或"盛于唐"之说。正是在唐朝，茶始有字，茶始作书，茶始销边，茶始收税，一句话，直到这时，茶才真正成为一种全国性的文化或事业。因此，本节在着重介绍唐朝茶业蓬勃发展的同时，对其所以能风起的原因，也略作剖析。

（六）唐朝

1. 唐朝的产茶区

唐朝以前，我国有多少州郡产茶已无从查考。陆羽于《茶经》中第一次较多地列举我国产茶的州县，其"八之出"载：

山南

峡州，襄州，荆州，衡州，金州，梁州；

淮南

光州，义阳郡，舒州，寿州，蕲州，黄州；

浙西

湖州，常州，宣州，杭州，睦州，歙州，润州，苏州；

剑南

彭州，绵州，蜀州，邛州，雅州，泸州，眉州，汉州；

浙东

越州，明州，婺州，台州；

黔中

思州，播州，费州，夷州；

江南

鄂州，袁州，吉州；

岭南

福州，建州，韶州，象州。

以上地名出自《茶经》，很多人将以上地名称为“八道四十三州”。这种“四十三州”一说没有任何问题，但是“八道”的说法并不准确。山南、淮南、浙西并不属于八道，以上所涉及的八个地名虽然都曾经被称之为道名，但是它们并不属于同一历史时期，也不具备相同的性质，比如说山南、淮南以及江南、岭南，是属于唐朝贞观时期所设立的道名，黔中则是唐朝开元时期设立的道名。除此之外，浙东和浙西虽然也被称之为浙江的东道和西道，可实际上二者只是隶属江南东道的观察使理所。“八道”除了建制的时间和性质不同之外，它们与当时朝代的建制也不相同，在历史上，建州和衡州应属于江南道，但是在《茶经》中则将建州划入了岭南地区，将衡州划入了山南地区。

《茶经》的作者陆羽一生留下了许多著作，不仅对茶叶了解甚多，对地理也甚有研究。除此之外，他还是诗人和书法家，在文学方面颇有建树。按照陆羽当时的地理水平，应该不至于混淆不同建制下的州和道的隶属情况，所以可知，陆羽所写的《茶经》中说的“八之出”，其实指的是茶叶产地，并不是很多学者认为的“八道四十三州”。很多学者据此对唐朝产茶州县所进行的统计，都是错误的。因为陆羽所提到的茶叶产地，指的是茶叶品质好的产地，并不是指整个州都在进行茶叶的生产。举个例子来说，当时的蜀州也盛产茶叶，但是陆羽在《茶经》中并没有提到蜀州。

在《茶经》中提到的“八之出”和“四十三州”，不是每一个州和地区的全部州县都产茶。例如，在浙西地区产茶的地区只有吴县，而浙西之所以能入选是因为这里产的茶叶质量好。除此之外，唐朝的建制经常发生变动，并不是固定的，所以如果仅根据《茶经》的记载进行产茶州县的判断，必然无法得到准确的答案。

从《茶经》和唐朝的其他文献记载来看，唐朝茶叶产区已遍及今四川、陕西、湖北、云南、广西、贵州、湖南、广东、福建、江西、浙江、江苏、安徽、河南十四个省区；其北线一直伸展到河南道的海州（今江苏省连云港市），也就是说，唐朝茶叶产地达到与我国近代茶区相当的局面。根据陆羽《茶经》记载，唐朝时主要产茶区涉及47个州，并且形成众多名茶系列，如蒙顶茶、仙人掌茶、华顶茶、鸟嘴茶、天柱茶、九华英，等等。蒙顶茶产于四川蒙山；仙人掌茶又称玉泉茶，产于湖北当阳；华顶茶又称天台云雾茶，产于浙江天台；鸟嘴茶产于四川；天柱茶产于安徽潜山；九华英产于蜀中地区。唐朝茶叶自采摘到加工工序，在不少诗文中都有体现。

2. 茶叶的采摘制作

关于采摘茶叶的工序，在张籍《茶岭》一诗中有记载：“自看家人摘，寻常触露行。”茶农将茶叶采摘回后就开始蒸茶，之后捣茶。捣茶所用工具为“杵臼”。诗人李郢在《茶山贡焙歌》中写道：“蒸之馥馥香胜梅，研膏架动轰如雷。”待茶农捣完茶后，下一道工序便是拍茶。拍茶的过程在陆龟蒙《茶焙》中写道：“左右捣凝膏，朝昏布烟缕，方圆随样拍，次第依层取。”拍茶工序后，开始焙茶，皮日休在《茶焙》中写道：“凿彼碧岩下，恰应深二尺，泥易带云根，烧难得石脉。初得燥金饼，渐见干琼浆。”《茶焙》主要是对焙茶工序进行阐述。当茶饼被烘干后，茶农会将其穿成一串，这一工序称为穿茶。最后一道工序是封茶，实际上是储存茶饼，将茶饼包装起来用于馈赠。

3. 饮茶方式

陆羽在《茶经》中写到饮茶主要分为三种形式：一是粗茶，粗茶指的是将茶叶一刀切碎，然后放入锅中煮；二是散茶，散茶指的是将原生态的茶叶直接放在锅中煮；三是末茶，末茶指的是将茶叶先进行烘烤后再进行碾碎，最后煮沸。饮茶的方式之多表明了唐朝人对于饮茶的热爱。

在唐朝，由于人们非常喜爱茶，人们自然也会将茶写进诗中。很多流传下来的诗作中，体现出了唐朝人对茶的了解之多、认识之深刻。在唐朝，人们认为茶具有解酒、兴奋、定神的作用。关于茶的解酒作用，可以追溯到白居易《肖员外寄新蜀茶》："满瓯似乳堪持玩，况是春深酒渴人。"但如果从现代科学的角度来讲，茶的解酒作用是不存在的。茶的兴奋作用曾受到众多文人的肯定，但需要饮茶饮到一定的量后，才可以显现茶的这一作用，这在很多诗家的诗作中都可以找寻得到，比如《尝茶》和《一字至七字诗·茶》等都有提及。茶定神的作用，则主要体现在品茶时，品茶需要品茶者清心定神，仔细品味茶的味道，理解茶的妙处，感受茶的与众不同。茶在唐朝得到了快速发展，上至皇室，下至平民，都喜爱饮茶，唐朝人民对茶的追捧为宋朝的茶道发展打下了坚实的基础。

4. 唐朝的咏茶文学

唐朝的咏茶文学出现于初唐时期，由于唐朝推崇饮茶，所以咏茶的文化也得到了快速的发展，很多诗人都在诗作中提到了饮茶文化，给后世留下了许多与茶相关的诗句，比如白居易写了将近五十首有关茶的诗，杜甫也写了三首。在流传下来的诗句中最为盛名的，应该是卢仝所写的《走笔谢孟谏议寄新茶》，这首诗是作者在获得友人送的茶后即兴写作。

这首诗是分三个部分描写茶的：首先，是诗人收到友人送的茶的惊喜，对新茶甚为喜欢；其次，诗人对煮茶的过程进行了描写，将煮茶的感受进行了浪漫的描述；最后，诗人写的是对种茶者的同情。这首诗整体来说，句式不拘一格，行文自在洒脱，情感直抒胸臆，句子错落有致，是后世认为与茶相关的诗作中的名作。除了卢仝，还有很多诗人写过与茶相关的诗，比如温庭筠、杜牧、柳宗元等。

唐朝所写的有关茶的诗有五言诗和七言诗。在唐朝的诗篇中，最早写茶的是李白，他写了一首《答族侄僧中孚赠玉泉仙人掌茶并序》，这是首五言诗，在诗中对仙人掌茶的生长、功效、味道都做了详细的说明，为咏茶诗的发展开了先河。李白写的这首诗，诗风豪放，成了流传千古的名作。

在咏茶诗中，律诗占有较大比重。律诗分为五言律诗与七言律诗。五言律诗主要有皇甫冉的《送陆鸿渐栖霞寺采茶》，七言律诗有白居易的《谢李六郎中寄蜀新茶》。此外，还有排律，如齐己的《咏茶十二韵》是一首优美的五言排律。

在茶诗中，绝句也是重要的诗歌形式之一，主要分为五言绝句和七言绝句。五言绝句，如张籍的《和韦开州盛山茶岭》；七言绝句，如刘禹锡的《尝茶》。除此之外，宫词作为宫廷题材，也是一种常见诗体。该诗体主要通过宫廷琐事来描写宫女的忧郁惆怅之情。据研究，宫词多为七言绝句。例如，王建的《宫词一百首之七》："延英引对碧衣郎，江砚宣毫各别床，天子下帘亲考试，宫人手里过茶汤。"除宫词外，宝塔诗也是其中一类。宝塔诗又被称为一字至七字诗，主要是由宝塔诗的韵律特点决定，通常是逐句成韵，后来依次递增。以元稹的《一字至七字诗·茶》为例，诗中道："茶。香叶，嫩芽。慕诗客，爱僧家。碾雕白玉，罗织红纱。铫煎黄蕊色，碗转曲尘花。夜后邀陪明月，晨前命对朝霞。洗尽古今人不倦，将至醉后岂堪夸。"联句作为一种旧时作诗方式，主要形成于唐朝，通常用于表达酬谢，如陆羽和他的朋友耿湋欢聚时所作《连句多暇赠陆三山人》，该诗就运用了典型的联句方式。

我国茶文化历史悠久，但是在唐朝以前，茶没有得到极大的发展。唐朝以后，由于社会上对茶的需求和茶商业的发展，茶逐渐成为一门受人重视的学问。陆羽对茶进行了细致的研究，编著了《茶经》这本书，创作了第一本有关于茶知识的书籍。

陆羽（约 733 年 — 804 年）的《茶经》是我国，也是世界上最早的一部茶书，其问世不但具有把茶提高为独立学科的作用，而且开创了我国为茶著书立说的先河。千百年来，后人以陆羽的《茶经》为楷模，续写一本本《茶经》新篇，使我国传统茶学不断发扬光大。陆羽嗜茶，精于茶道，其关于茶的著作，除《茶经》以外，还有《茶记》三卷、《顾渚山记》二卷和《水品》一本。唐朝其他人的茶叶著作，有陆羽挚友皎然的《茶诀》三卷，张又新的《煎茶水记》一卷，温庭筠的《采茶录》一卷，苏廙的《十六汤品》一卷，佚名的《茶苑杂录》一卷，以及裴汶的《茶述》、温从云等的《补茶事》、五代时毛文锡的《茶谱》等共十余种。唐朝的茶书，或师从《茶经》，或从生产和品饮茶叶的不同方面补充《茶经》，建立了我国最早的传统茶学，比较全面、客观地反映唐朝茶的实践和知识。这些著作虽然大都已经散佚，但留存下来的著作中，仍然保留了许多珍贵的茶史资料，是今人研究唐朝及其以前茶叶历史的重要根据。

晚唐诗人皮日休在其《茶中杂咏·序》中说："季疵以前，称茗饮者，以浑以烹之，与夫瀹蔬而啜者无异也。季疵始为经三卷，由是分其源，制其具，教其

造，设其器，命其煮，以为之备矣。”这是说在陆羽之前，我国对茶文化的源流、制茶方法、茶具设置、烹饮艺术都不够重视，饮茶还如同煮菜喝汤一样；在《茶经》面世以后，人们对茶叶文化、茶叶生产、茶具和品饮艺术开始重视和日渐考究。

5. 唐朝茶具的发展

陆羽在《茶经》中将茶具称为茶器，茶具并不是一开始就出现的，是随着饮茶文化的发展逐渐形成的。最初时，人们饮茶使用的茶碗就是日常吃饭所用的餐具，后来由于饮茶频率的增加，很多上流社会的人家专门留出了饮茶所需要用的碗，随着时间的推移，便渐渐形成了专门的茶具。唐朝人用碗饮茶，这一点在诗句中也有所体现，比如“或吟诗一章，或饮茶一瓯”和“蒙茗玉花尽，越瓯荷叶空”。最开始，人们喝茶或喝汤所用的碗是一样的，后来人们为了方便，索性把碗和其他的茶具放在一起，至此，碗的用途已发生了变化。后来，人们渐渐生产出了陶瓷所制的碗，这种碗专门用来饮茶，我国考古学家曾经在湖南挖掘出大量的茶碗，在挖出来的古物中，有的碗特意在底部刻上了茶碗两个字。在那个碗上面写的茶字，还是唐朝以前所沿用的“荼”字，所以我们可以肯定的是，这只碗属于唐朝前期。从这一点看，这一时期虽然茶的历史已经很悠久了，但是茶碗还没有形成专门的形制。

茶具和茶叶的制作、饮用一样，在陆羽之前并不讲究，经过陆羽在《茶经》中点拨以后，才普遍重视和讲究起来。对于茶具，如杜育《荈赋》所描述：“水则岷方之注，挹彼清流；器择陶简，出自东隅（一作瓯）；酌之以匏，取式公刘。”茶具在晋朝得到一定重视。但是汇集和比较各地茶具优劣，设计一套实用完备的茶器，还是始自陆羽。陆羽在《茶经》中共列出 28 种烹饮茶叶的器具和设备，除对每种器物分别述说功能和作用外，还对制作的具体用材、尺寸和工艺作出详细说明。如其存放茶具的设施，应根据不同场合，设计具列和都篮二件。所谓“具列”，是用竹木制作，用于室内陈列茶具的茶床或茶架；都篮则是用竹篾编制，存放茶具用的篮子。封演在《封氏闻见记》中所说：“楚人陆鸿渐为茶论，说茶之功效并煎茶、炙茶之法，造茶具二十四事，以都统笼贮之，远近倾慕，好事者家藏一副。”陆羽精心设计整理的茶具，不仅奠定了我国古代茶具基础，而且极大地促进了我国茶具的生产发展。唐朝时还出现了一些专业生产茶具，并形成了一些著名产地。如皮日休《茶鼎》诗："龙舒有良匠，铸此佳样成；"《茶瓯》诗："邢客与越人，皆能造兹器，圆似月魂堕，轻如云魄起。"龙舒（即今安徽舒城），邢客与越人指邢窑和越窑。关于这一点，《唐国史补》中道："巩县陶者，多为瓷偶人，号陆鸿渐，买数十茶器，得一鸿渐。"这说明当时陶瓷茶具的生产，不仅如邢、越一类名窑相互斗奇比异，连巩县一类普通窑主也想出搭送陆羽陶像等方法，参与茶具生产交易的角逐。

6. 与茶有关的书法与绘画

唐朝的书法主要是楷书，比较出名的有关于茶的书法是颜真卿所写的《竹山连句诗帖》，在那诗帖中，颜真卿将茶的风貌用书法生动形象地表现出来。唐朝的绘画最初以阎立本和阎立德为主，阎立本所画的《萧翼赚兰亭图》是目前我国现存的最早的反映了唐朝饮茶文化的作品。随着饮茶文化的盛行，有关"茶"的绘画作品渐渐增多。后来出现了以周昉为代表的《调琴啜茗图》《烹茶图》《烹茶仕女图》。

7. 茶税的出现

唐朝饮茶文化的发展和流行，带动了茶的商业发展，具体体现在茶叶的价格飙升。茶业的发展，也对唐朝的社会文化产生了影响，在隋朝茶叶还只是地区性的产品，没有形成规模，但是到了唐朝的中后期，茶叶已经成了全国性的经济作物，形成了独特的茶叶文化和茶叶知识、茶叶产业，后来还有了茶税的征收。

在唐朝中期以前，种茶、买卖茶叶是不征收赋税的；唐朝中期以后，由于茶叶生产、贸易发展成为一种大宗生产和大宗贸易，加之安史之乱以后国库拮据，开始征收茶叶赋税，由筹措常平仓本钱，逐渐演变成为一种定制。唐德宗李适继位以后，建中三年（公元 782 年），户部侍郎赵赞建议："税天下茶漆竹木，十取一。"这是我国第一次抽收茶税。兴元元年（公元 784 年），因朱泚乱，德宗逃奔奉天（今陕西乾县），追悔诏罢茶税。这次税茶，虽然主要用于地方筹集常平仓本钱，未入国用，但是茶税之巨，使大家印象深刻。此后，如《文献通考·征榷考》所说，贞元九年（公元 793 年），盐铁使张滂以水灾赋税不登，又向德宗奏请"于出茶州县，及茶山外商人要路，委所由定三等时估，每十税一，充所放两税。其明年以后，所得税钱外贮，若诸州遭水旱，赋税不办，以此代之"。德宗从之，再次恢复茶税，并自此成为定制。据《旧唐书》记载，德宗贞元九年

（793 年），当年收入为 40 万贯；开成年间（836 年 — 840 年），朝廷征课的矿冶税每年不过收入 7 万余缗，甚至还抵不上一个县的茶税。据宣宗时所载，“大中初（847 年），天下税茶增倍贞元”，收入不少于 80 万贯。茶税之丰厚和茶税的财政地位由此可见一斑，也是唐政府对茶税课征首倡的原因之一。此外，贩私茶在唐朝蔚为盛行，甚至出现官商勾结贩卖茶叶现象，这间接反映了唐朝百姓饮茶风尚的流行。

贞元时税茶，岁得不过 40 万贯，但至长庆元年（公元 821 年），以“两镇用兵，帑藏空虚”“禁中起百尺楼，费不胜计”为由，盐铁使王播又奏请大增茶税“率百钱增五十”，使茶税岁取至少增加到 60 万贯。唐文宗时，王涯为相，为尽收茶叶之利，大改茶法，自兼榷茶使，推行茶叶专营专卖的榷茶政策。大和九年（公元 835 年），王涯强令各地“徙民茶树于官场，焚其旧积”，禁止商人与茶农自相交易，增加税率，一时天下大怨。不久，王涯因李训之乱，被腰斩处死，榷茶之制在唐朝也因此昙花一现，未曾完全贯彻。

武宗会昌元年（公元 841 年），崔珙任盐铁使，再次增加茶税，上行下效，茶商所过州县，也均设重税。他们在水陆交通要道相效“置邸以收税，谓之揭地钱”，稍有不满，便“掠夺舟车”。这时，私茶越禁越盛，茶叶商税成为一个极为突出的社会矛盾。这种情况一直到宣宗大中六年（公元 852 年），裴休任盐铁转运使立茶法十二条，才趋于缓和稳定。据《新唐书 • 食货志》记载，裴休的税茶法主要有：一是各地设有邸阁者，只准收取邸值（住房堆栈费用），不得再赋于商人；二是私鬻三犯都在 300 斤以上和“长行群旅”，皆论死；三是园户私鬻百斤以上杖脊，三犯加重徭；四是各州县如有砍伐茶园或伤害茶业者，在任地方官要以纵私盐法论罪；五是庐州、寿州和淮南一带皆加半税。实施裴休的“茶法”后，茶商、园户都较为满意，税额未增，税收倍增，迄到朱温称帝，税制一直未有多大变化。

茶叶由不税到税，从国家角度来看，也是从一种自在的地方经济，正式被认定和提高为一种全国性的社会生产或社会经济。

8. 唐朝贡茶制度

（1）开始设置官营督造专门生产的贡茶院

唐朝最著名的贡茶院设在湖州长兴和常州义兴（今宜兴）交界的顾渚山。据

《长兴县志》载，顾渚贡茶院建于唐朝宗大历五年（770年），至明朝洪武八年，历史长达605年之久。唐朝贡茶院的产制规模很大，“役工三万人”“工匠千余人”。制茶工场有三十间，烘焙灶百余所，生产贡茶万串贡茶（每串一斤）。新制成的贡焙新茶——“顾渚紫笋”，快马送抵长安，呈献给皇上。

（2）唐朝主要贡茶区域

唐朝著名的贡茶区域为顾渚山等。根据《新唐书·地理志》记载，唐朝当时的贡茶地区共计十六个郡，即山南道的峡州夷陵郡、归州巴东郡、夔州云安郡、金州汉阴郡、兴元府汉中郡、江南道常州陵郡、湖州吴兴郡、睦州新定郡、福州常乐郡、饶州鄱阳郡、黔中道溪州灵溪郡、淮南道寿州寿春郡、泸州庐江郡、蕲州蕲春郡、申州义阳郡、剑南道的雅州卢山郡。这些郡的位置分别在今天的湖北、四川、陕西、江苏、浙江、福建、江西、湖南等地。

（3）唐朝主要贡茶品目

关于贡茶名目，在唐朝翰林学士李肇中的《国史补》中有记载，有十余品目，即剑南“蒙顶石花”，湖州“顾渚紫笋”，峡州“碧涧、明月”，福州“方山露芽”，岳州“灉湖含膏”，洪州“西山白露”，寿州“霍山黄芽”，蕲州“蕲门月团”，东川“神泉小团”，夔州“香雨”，江陵“南木”，婺州“东白”，睦州“鸠坑”，常州“阳羡”。此外，尚有浙江余姚的“仙茗”，嵊县的“剡溪茶”等。

（4）唐朝贡茶制作方法

陆羽《茶经》中记载的唐朝制茶法为：“晴，采之，蒸之、捣之、拍之、焙之、穿之、封之，茶之干已。”现代著名的茶学大家吴觉在《茶经述评》中认为，唐朝贡茶的制作方法与陆羽在《茶经》中记录的制茶法比较接近，从《茶经》的成书时间和地点来看,《茶经》中的制茶方法有可能是当时极负盛名的“贡茶”——宜兴阳羡茶和长兴顾渚紫笋茶的制造方法，按照现在制茶学分类，属于绿茶中的蒸青绿茶制法。

（5）名优茶品代表和唐朝贡茶历史渊源

现在一些名优绿茶和唐朝的贡茶有一定关联。以下选出最具代表性的“长兴紫笋”和“霍山黄芽”进行介绍。

①长兴紫笋

长兴紫笋又名湖州紫笋、顾渚紫笋，首创于唐朝，为当时著名的贡茶，为恢复历史名茶，于1978年恢复生产。

长兴紫笋的原料要求为一芽一叶初展至一芽二叶的正常芽叶。长兴紫笋加工的工序为摊青、杀青、造型、烘干四道工序。长兴紫笋茶的品质特点为：芽叶微紫，芽形似笋；干茶色泽绿润，叶底芽头肥壮成朵；茶汤清澈，碧绿如茵；香气清淡，兰香扑鼻；滋味鲜醇，味甘生津。

②霍山黄芽

霍山黄芽产于安徽省霍山县，为历史名茶，创制于唐朝。霍山黄芽的采摘标准为一芽一叶至一芽二叶，山内于谷雨前五天开始采摘至立夏结束。

霍山黄芽的加工工艺为：摊放、杀青（做形）、毛火、摊凉、足火、拣剔复火。优质霍山黄芽的品质特征为：条直微展，匀齐成朵，形似雀舌，润绿披毫，香气清高持久，滋味醇厚回甘，汤色嫩绿清澈。

9. 唐朝茶叶贸易

随着茶文化的发展，唐朝出现了茶叶的贸易交易，在历史资料中留下了大量关于茶叶贸易的资料。在唐朝，茶叶的贸易形成了完整的交易链条，从生产到加工到消费，形成了一个彼此促进、彼此交互的关系，具体表现为产业的生产和消费带动了产业的交易，茶叶的交易也反过来促进了产业的生产和茶叶的消费。由于茶叶的生长多受环境和气候的影响，所以在我国，茶叶的生产区主要集中在南方，茶叶的交易一般也是由南方向北方进行。《封氏闻见记》中记述了唐朝开元时期以后的茶发展："自邹、齐、沧、棣渐至京邑，城市多开店铺，煎茶卖之，不问道俗，投钱取饮。其茶自江淮而来，舟车相继，所在山积，色类甚多。"这句话说的意思是，随着茶文化在中国北方的流行和发展，南方茶叶开始向北方进行运输和交易，为了交易的顺利，人们建立了很多码头以方便运输。茶叶的发展带动了运输业的发展。有关我国茶业的发展有很多参考文献，我们主要以唐诗为代表举报。

杜牧的《入茶山下题水口草市》吟道："倚溪侵岭多高树，夸酒书旗有小楼。惊起鸳鸯岂无恨，一双飞去却回头。"水口是顾渚汇入太湖河道口的出水口，唐朝中期以前，这里还是一片荒原，至唐朝后期，由于到顾渚采办贡茶和买卖茶叶的船只都停泊在这里，于是形成有酒楼茶肆的固定草市。除水口外，在顾渚山区还有如释皎然《顾渚行寄裴方舟》"尧市人稀紫笋多，紫笋青芽谁得识"诗句中提到的"尧市"一类买卖茶叶的市场。以上是茶区收购茶叶的情况，而滑途运输茶叶的情况，许浑《送人归吴兴》中的诗句则有所反映："绿水棹云月，洞庭归路长，春桥悬酒幔，夜栅集茶樯。"所谓"茶樯"是专门运输茶叶的船只，这里的"洞庭"是苏州洞庭东、西山。古诗后两句是描写运河两岸因茶船日行夜歇而兴盛起来的集镇或码头。此外，茶叶贸易运输的兴起，对沿途城镇的繁荣兴旺也起到明显的促进作用。如王建《寄汴州令狐相公》诗："三军江口拥双旌，虎帐长开自教兵，水门向晚茶商闹，桥市通宵酒客行。"从中不难看出，江口城市本是军镇所在，在唐朝茶叶生产运输兴盛以后，这里是茶樯泊集，茶商摩肩。通过以上内容介绍，不但可以看出唐朝南方茶叶贸易的巨大发展，而且也能看出茶叶贸易对沿途经济及生活的影响。

关于唐朝南北茶叶贸易，还可从杜牧《上李太尉论江贼书》中得到补证。所谓"江贼"，指出没在长江水系行劫的强盗。这一股股的江贼，多的有两三船上百人，少的也有一船三二十人，专门抢劫江河中的商旅，有的也上岸抢劫市镇。这些江贼都是一些私茶贩子，他们把抢到的"异色财物，尽将南渡，入山博茶"。对此，杜牧曾道："盖以异色财物不敢货于城市，唯有茶山可以销受。盖以茶熟之际，四远商人，皆将锦绣缯缬、金钗银钏入山交易，妇人稚子，尽衣华服，吏见不问，人见不惊，是以贼徒得异色财物，亦来其间，便有店肆为其囊橐，得茶之后，出为平人。"最后，杜牧在谈到江贼的活动规律时说："豪、亳、徐、泗汴、宋州贼，多劫江南江北、淮南、宣润等道；许、蔡申、光州贼，多劫荆、襄、鄂、岳等道。劫得财物，皆是博茶北归本州货卖，循环往来，终而复始。"当然，这些江贼虽然把抢来的财物博茶运归本州货卖，但并不能把他们当作真正的茶商。

根据以上杜牧的记述，我们可以发现，首先，在唐朝晚期实行的种茶措施有效地解决了南方贫困地区的发展问题，带动了贫困地区的经济繁荣。其次，我国的茶叶运输主要存在两条路线：一是江东路线，江东路线主要运输的是浙江、安徽和江苏的茶叶，通过长江淮河运送至苏北、河南、皖北等地区；二是华中路线，华中路线运送的是襄州、鄂州、荆州、岳州的茶叶，通过运河将茶叶送往长安和燕幽各地，华中路线中途通常不再转运，直接将茶叶销往河南，或者经由河南销往其他地区。运输的畅通带动了产业的贸易发展。

我国茶叶和茶的知识传诸西北少数民族，可能由来已久，但西北广大少数民族地区饮茶和出现茶叶贸易的记载，最早始于唐朝。据《唐国史补》载，唐朝时

各地和一些少数民族风俗均以茶叶为贵，一次唐朝使者到吐蕃，烹茶帐中，吐蕃的赞普问他煮的什么？他故弄玄虚地说，这是“涤烦疗渴”的所谓茶也。赞普说：“我亦有此，才命出之，以指曰：此寿州者，此顾渚者，此蕲门者，此昌明者，此灉湖者。”这些都是唐时名茶，能够享用这类茶叶的只是少数上层统治者，至于一般平民，自然是从专事边茶贸易的商人手中买来粗茶，如《封氏闻见记》中描述：唐朝中期以后，饮茶风盛南北，“穷日竟夜，殆成风俗，始自中地，流于塞外，往年回鹘入朝，大驱名马，市茶而归”。我国边疆少数民族有了饮茶习惯以后，先通过使者购买，后来直接通过商人交易，开创了我国历史上曾长期存在的茶马交易。

（七）宋朝

1. 宋朝茶区的分布

相比于唐五代，宋朝茶叶产地就更丰富了。江南区域开始盛产茶叶，淮水以南的各路也都开始普遍产茶，产茶州增多了，川峡（成都府、利州、夔州、梓州）、福建、荆湖南北、广南、两浙、江东西等地的茶叶产量也有所增进。

宋初，建立江陵府、真州、海州、汉阳军、无为军、蕲州蕲口六大榷货务（原为八务，淳化四年废襄州、复州），拥有蕲州王祺、石桥、洗马、黄梅（景德二年废），黄州麻城，庐州王同，舒州太湖、罗源，寿州霍山、麻步、开顺口，光州光山、商城、子安十三山场。此外，还于江南宣州、歙州、江州、池州、饶州、信州、洪州、抚州、筠州、袁州、广德军、兴国军、临江军、南康军，两浙杭州、苏州、明州、越州、婺州、处州、温州、台州、湖南江陵府、潭州、澧州、鼎州、岳州、鄂州、镇州、归州、峡州、荆门军、福建剑南、建州等地建众多买茶场。熙宁七年（1074 年）至元丰八年（1084 年），四川置买茶场 41 个，金州 6 个，现主要依据南宋李心传《建炎以来朝野杂记》、沈括《梦溪笔谈》、乐史《太平寰宇记》、王存《元丰九域志》等资料记载。

宋朝茶区的位置包括今天 15 个省市区，总计当时产茶州、府、军 112 个，约辖县500个。除其中10个军（不含安丰、信阳、桂阳、石泉4个军）被唐朝州郡中分割外，实际产茶州、府军为102个，不包括《茶经》中所载的唐朝产茶州润州、费州、韶州、象州。由此可见，宋朝茶区是十分广阔的。

产茶府、州、军，如果按宋朝行政区域划分，则不平衡。以两浙路最多，荆湖北路、成都府路、江南西路、江南东路、荆湖南路、利州路、广南西部依序次之，福建路、淮南西路、潼川府路、夔州路、广南东路、京西南路、淮南东路依序又次之；东南、川峡为宋朝主要产茶地，南宋绍兴时期（1131年—1162年），产茶地“东南十路六十州（实际列名细数为六十四州军府），二百四十二县”，成都府路、利州路也是重要产茶地，成都府路9个州军，建茶场20个，利州路2州3茶场。

夔州茶产地有忠州、达州。以上共计产茶州府军77个。《宋史》卷一百八十四《食货志·茶下》载，“茶之产于东南者，浙东西、江东西、湖南北、福建、淮南、广东西有路十，州六十六，县二百四十二”。丁谓云：“天下产茶者七十郡半，不包括梓州路潼川府及其他未征榷的地区。”

四川产茶地主要集中于成都府路，名茶尤其出在该处。当时，“蜀之产茶凡八处，雅州之蒙顶，蜀州之味江，邛州之火井，嘉州之中峰，彭州之堋口，汉州之杨村，绵州之兽目，利州之罗村，然蒙顶为最佳也”。八大名茶产地，除罗村属利州路外，其余7处都属成都府路。由于茶区广阔，全国以茶为业的人数也十分庞大。根据宋朝名臣叶清臣记载：“景祐元年（1034年），天下户千二十九万六千五百六十五，丁二千六百二十万五千四百十一。三分之一为产茶州军，内外郭乡又居五分之一。”

2. 宋朝茶叶产量

宋朝茶叶产量在唐和五代基础上有了新的提高。了解茶产在空间上的地理分布，并不能准确把握茶叶生产的发展状况，茶叶产量是可准确把握茶叶生产发展状况的一个重要参照标准。对此，宋朝提供了一些统计数字，在《宋史》卷一百八十三《食货志·茶上》中记载，北宋前期榷茶买茶总额为2306.2万斤，按《宋会要辑稿》记载，则为2277.4462万斤、2280.5462万斤，两者与2306.2万斤有一定差距，主要是由于虔州、吉州、郴州、辰州、南安军等州军“止纳折税茶，充本处食茶出卖”，无买茶总额之规定，而2306.2万斤的买茶总额仅是北

宋东南淮南、江南、两浙、荆湖、福建的部分，且福建茶仅统计了建州、南剑州2州，其他5州茶产量未包括，广东、广西路茶产也未包括。

南宋绍兴年间（1131年—1162年），此两路茶课为92336斤，不仅如此，还不包括大量折税茶、食茶、耗茶、贡茶、私茶、折役茶、赡军茶等。另外，除陕夔州路外，四川茶产约3000万斤。吕陶在奏文中称："蜀茶岁约三千万斤。"并在自注中提到元丰七年（1084年）产量为2914.7万斤，翌年为2954.8万斤。如果仅按上述有根据的课额数来看，北宋茶产量已超过5000万斤。不过，无论是质量还是产量，东南茶区均要超过四川，学者普遍认为，吕陶所说"两川所出茶货，较北方东南诸处十不及一"是有一定的道理的，其含义是"川茶与南茶相比，产量远不相及"，"应该肯定，宋朝东南地区的茶产量确实大于四川地区"，北宋茶产量到底是多少？方健先生按大中祥符八年（1015年）买茶额2900余万斤作为基数计算，得出宋茶产量为1.65亿宋斤，约为唐茶的2.75倍，折合约1.96944亿市斤（1宋斤等于1.1936市斤计），合计98472吨。唐朝茶产量至少为80万担，如按80万担计，则北宋茶产量比唐朝增长75%。这宋朝茶叶生产的发展是完全可能的。虽然南宋版图比北宋有较大缩小，战乱也多，但产茶地基本得以保存，丢失不多。再说了战乱也基本在北方，对茶叶生产影响较小。所以，与北宋相比，南宋茶产量会有所降低，但不会有太大出入。值得注意的是，宋朝东南产量远远高于川峡4路。

3. 宋朝茶叶市场上名茶与名品不断增多

由于宋朝种茶和制茶的水平提高，以及专业化水平的发展，市场上开始流通各种全国名茶和地域性名茶。这一方面是由于商业发展和市场需求的促进，另一方面也是受市场变化影响而生产的结果。

唐五代主要以生产绿茶、黄茶为主，宋朝在此基础上增加了白茶的生产，同时团饼茶（腊茶、片茶）的制作也达到了全盛时期。此外，散茶也开始生产，而且渐渐取代团饼茶成为主流。也因为制茶技术自上而下受到重视，经过各地茶农的辛苦培植，宋朝产生了很多名茶名品，主要有顾渚紫笋、日铸茶、婺源谢源、隆兴黄龙、双井茶、阳羡茶，"皆绝品也"；临江玉津、袁州金片、建安青凤髓、北苑茶、雅安露芽、纳溪梅岭、巴东真香、龙芽、方山露芽、玉蝉膏茶、五果茶、腊茶、龙茶、小团、京铤、石乳、水月茶、的乳、头面、郝源、实峰、闵坑、双港、乌龙、雁荡、雅山、狱麓、天柱、雀舌、旗枪、六花、叶家白、金铤、登莱鳆鱼、江瑶柱、黄蘗茶、白鹤茶、曾坑、焦坑、宝云茶、香林茶、白云茶、剡茶、瀑岭仙茶、五龙茶、真如茶、紫岩茶、鹿苑茶、大昆茶、小昆茶、焙坑茶、细坑茶等。

正所谓“天下郡国，所出茶货，品类至繁”“茶品多矣”，多至何情?

《宋史》卷一百八十三《食货志·茶上》有一段完整记载（马端临《文献通考》卷十八也有详细记载）：“茶有二类，曰片茶，曰散茶。片茶蒸造，实棬模中串之，唯建、剑既蒸而研，编竹为格，置焙室中，最为精洁，他处不能造。有龙、凤、石乳、白乳之类十二等，以充岁贡及邦国之用。其出虔、袁、饶、池、光、歙、潭、岳、辰、澧州、江陵府、兴国、临江军，有仙芝、玉津、先春、绿芽之类二十六等，两浙及宣、江、鼎州又以上、中、下或第一至第五为号。散茶出淮南、归州、江南、荆湖，有龙溪、雨前、雨后之类十一等，江、浙又有以上、中、下或第一至第五为号者，买腊茶斤自二十钱至一百九十钱有十六等，片茶大片六十五钱至二百五钱有五十五等，散茶斤自十六钱至三十八钱五分有五十九等；鬻腊茶斤自四十七钱至四百二十钱有十二等，片茶自十七钱至九百一十七钱有六十五等，散茶自十五钱至一百二十一钱有一百九等。”

据现代人统计，宋朝有名茶 293 种，是唐五代时期 148 种的近两倍。需要指出的是，在众多品种中，东南茶区的名茶数量、质量均已超过川峡地区，“蜀茶之细者，其品视南方已下。唯广汉之赵波，合州之水南，峨嵋之白芽，雅安之蒙顶，土人亦自珍之。但所产甚微，非江建之比也”。至宋朝“建茶出，天下所产皆不复可数”；在“建茶盛于江南，近岁制作尤精，龙凤团茶归为上品”“其为团胯者，号腊茶，久为人所贵”的情况下，人们再也不狂热追捧蒙山茶，却对建州腊茶津津乐道，以得到龙凤团茶为最大荣耀。

欧阳修于嘉祐七年（1062 年）曾得到宋仁宗（1023 年 — 1063 年在位）“尤所珍惜，虽辅相之臣未尝辄赐”的“上品龙茶”，当时正值“南效大礼致斋之夕，中书，枢密各四人茶赐一饼，宫人翦金为龙凤花草贴其上。两府八家分割以归”，欧阳修心情十分激动，如获至宝，竟“不敢碾试，相家藏以为宝”，仅才“时有佳客，出而传玩尔”，并郑重其事地说，这是他“自以谏官供奉仗内，至登二府，二十余年，才一获赐”的幸事，“每一捧玩，清血交零而已”。

建州腊茶精美绝伦，花样不断翻新，代表饼茶制作的最高成就，其代表茶品

有10种，其中“密云之珍，围不方寸，价廉百金。隐以金椎，碾如玉尘”。华中长沙也“造茶品极精致。工直之厚，轻重等白金。士大夫家多有之。置几案间，以相夸侈”。宋朝饼茶虽是主流茶类，但随着散茶开始崛起，其影响日益增大，崇尚散茶之风渐起。

欧阳修说：“腊茶出于剑、建，草茶盛于两浙。两浙之品，日注为第一。自景祐（1034—1038年）已后，洪州双井白芽渐盛。近岁制作尤精，囊以红纱，不过一二两，以常茶十数斤养之，用辟暑湿之气。其品远出日注上，遂为草茶第一。”《后山丛谈》称：“洪之双井，越之日注，登莱鳆鱼，闽越江瑶柱，莫能相先后。而强为之第者，皆胜心耳。”这说明宋朝已有优质散茶了。

“岁贡特盛”的唐朝阳羡茶，到宋朝也逐渐变成了“只谓之草茶而已”。废茶饼而流行散茶的趋势，对茶叶制作、贸易、市场都有影响。但总体上来说，团饼茶还是占据市场地位的主导。根据统计，在宋朝有293类茶，其中散茶只有36种，只占总茶叶种类的12.29%；即使加上23种有散茶也有茶饼的茶叶，合起来一共59种，也只占总茶叶种类的20%。在名贵饼茶中，“腊茶之直，数十倍于草茶”，也证明了这一点。同时，因为团饼茶的生产历史悠久，市场占比也更大，其制作水平也更能代表宋朝的制茶工艺。这种工艺最出名的是建州北苑贡焙。茶叶市场的发展，既是宋朝商业经济发展的证明，同时也加剧了统治阶级对民间名茶的搜刮。

4. 宋朝贡茶的发展

到了宋朝，饮茶风俗已相当普及，“茶会”“茶宴”“斗茶”之风盛行。帝王嗜茶，也数宋朝最甚，特别是宋徽宗赵佶（公元1101年—1125年）更是爱茶颇深，亲自撰写《大观茶论》。皇帝嗜茶，必有佞臣投其所好，以求幸进。因此，宋朝贡茶在唐朝基础上又有了较大发展，除保留宜兴和长兴的顾渚山贡茶州院之外，在福建建安又设专门采制“建茶”的官焙，规模之大、动员役工之浩繁，远远超过顾渚。宋朝宋子安《东溪试茶录》（1064年前后）记述，“有大记建安郡官焙（贡茶工场）三十有八，自南唐岁率载六县民采造，大为民间所苦。至道（公元995年—公元997年）中，始分游坑、临江、汾常、西蒙洲、西小丰者大熟六格求属南剑，又免五县茶民，专以建安一县民力裁足之……”

建安，即现今福建省建瓯县，境内建溪两岸、凤凰山麓盛产茶叶，且天然品质好。宋太宗太平兴国年间，开始设立官焙，专门采制龙凤饼茶，供朝廷享用。其中，凤凰山麓北苑贡茶最为出名。熊蕃著《宣和北苑贡茶录》<熊蕃，建阳人，宋太平兴国元年（公元 976 年）派遣使臣就北苑造匾茶，到宣和年间（公元 1119 年 — 1125 年），北苑贡茶极盛，熊蕃亲见当时情况，遂写此书>，记述北苑贡茶的由来与发达沿革。

陆羽之《茶经》、裴汶之《茶述》，皆不评建安之茶。昔日建安山川大抵闭塞，灵芽（茶）亦尚未显名于世；至于唐末，犹依然如故也。此后，至北苑之茶出，始成为最佳之茶。宋朝开宝九年（公元 976 年）末年，南唐降伏，宋太宗太平兴国二年（公元 977 年），特备龙凤之模，派遣使臣命在北苑制造团茶，使与民间茶有区别，龙凤茶盖于此时所开始也。宋太宗至道初（公元 995 年），诏造石乳、的乳、白乳（均为茶名）作贡茶。至宋真宗咸平（公元 998 年 — 1003 年）初，丁谓为福建转运使，监造贡茶，专门精工制作 40 饼龙凤团茶进献皇帝，因此获得宠幸，升为“参政”，被封为“晋国公”。此后，建州岁贡大龙凤茶各二斤，八饼为一斤。

至宋仁宗庆历年间（公元 1041 年 — 1048 年），蔡襄（君谟，公元 1012 — 1067 年）任福建转运使时，又将丁谓创造的大龙团改制为小龙团，更受朝廷赏识。蔡襄在《北苑造茶》诗自序中有云：“是年，改而造上品龙茶，二十八片仅得一斤，无上精妙，以甚合帝意，乃每年奉献焉。”当时，文学家欧阳修（1007 年 — 1072 年）在《归田录》记载：“茶之品无有贵于龙凤者，小龙团茶，凡二十饼重一斤，值黄金二两，然金可有而茶不易得也。”

丁谓和蔡襄以创制龙凤团茶精品讨好皇帝，自然遭到了世人讥讽与鞭挞。宋朝诗人苏东坡有诗云：“武夷溪（即建溪）边粟粒芽，前丁（丁谓）后蔡（蔡襄）相笼加，争新买宠各出意，今年斗品充官茶。”

宋神宗元丰年间（公元 1078 年 — 1085 年），依上意又创造了“密云龙”，比小龙团更佳；宋哲宗绍圣年间（公元 1094 年 — 1098 年）又创造者“瑞云祥龙”；至宋徽宗大观（公元 1107 年 — 110 年）初，皇帝赵佶著《大观茶论》，认为白茶是茶中第一佳品。不久又创制三种细芽及“试新铸”“贡新犄”，大观二年（公元118年）制造“御苑玉芽”“万寿龙芽”，大观四年（公元1110年）又造“无比寿芽”“试新”，政和三年（公元 11 年）造“贡新”。自创三色细芽后，“瑞云祥龙”又似居细芽之下了。

宋徽宗宣和二年（公元1120年），另一个善于造茶献媚的转运使郑可简别出心裁地创制了一种“银丝水芽”，即“将已精选之熟芽再剔去叶子，仅存茶心一缕，用珍器贮清泉渍之，光明莹洁，若银线然，以制方寸新銙（銙即模型），有小龙蜿蜒其上，号龙团胜雪”。龙凤团茶发展到“龙团胜雪”，其精美可到极点。整个北宋王朝的160多年间，北苑贡茶的制造技术不断改进，先后创造出的贡茶品目有四五十种之多。

宋朝贡茶的制造厂是以焙为单位计算，有官焙也有私焙。据丁谓统计，宋朝初期从南唐移交下来的茶焙，公私合计共有1336焙。宋子安在《东溪试茶录》中记载，有建安官焙32所，具体焙名及分布为：“东山之焙十有四：北苑龙焙一，乳桔内焙二，乳桔外焙三，重院四壑岭五，谓源六，范源七，苏口八，东宫九，石坑十，建溪十一，香口十二，火梨十三，开山十四。南溪之焙十有二：下瞿一，蒙洲东二，汾东三，南溪四，斯源五，小香六，际会七，谢坑八，沙龙九，南乡十，中瞿十一，黄熟十二。西溪之焙四：慈善西一，慈善东二，慈惠三，船坑四。北山之焙二：慈善一，丰乐二。”这些官焙都是专造贡茶使用，其土质、水质栽培、采摘、拣芽、制茶技术等均属一流，在宋朝可称建安茶品甲天下。

宋朝初期，北苑贡茶数量并不多，据《宣和北苑贡茶录》载：宋太宗太平兴国初年仅献五十片，后次第增加，至宋哲宗元符（公元1098年—1100年）时，以片计竟达一万八千，与初期校，已多数倍焉。然亦不能称盛，至于今（宋徽宗宣和年间）已达四万七千一百余片矣。可见，至宋朝，北苑贡茶有了很大发展。

北苑贡茶的品目，据熊蕃著《宣和北苑贡茶录》载，计有40多个，包括贡新铸、试新、白茶、龙团胜雪、御苑玉芽、万寿龙芽、上林第一、乙液清供、承平雅玩、龙凤英华、玉除清尝、启沃承恩、云叶、雪英、蜀葵、金钱、玉华、寸金、无比寿芽、万春银叶、宜年宝玉、玉清庆云、无疆寿比、玉叶长春、瑞云翔龙、长寿玉圭、兴国岩锜、香口焙锜、上品拣芽、新收拣芽、太平嘉瑞龙苑报春南山应瑞、兴国岩拣芽、兴国岩小龙、兴国岩小风（以上号称细色）；拣芽、大龙、大凤、小龙、小风（以上号称粗色）。此外，还有琼林毓粹、浴雪呈祥、壑源佳品肠谷先春、寿岩却胜、延年石乳等品目。以上北苑贡茶多数是以雅致祥瑞之意命名，以讨得宫廷皇室的欢心。

上述贡品茶，一年分十余纲（次），先后运至京师（现河南省开封市），唯

"白茶"和"龙团胜雪",于惊蛰前(三月初)即行采制,十日而完工,以快马于中春(三月)运抵京师,是以号曰"头纲"。"玉芽"以下,依先后顺序,及至献毕,夏已过半矣。欧阳修诗中有句云:"建安三千五百里,京师三月试新茶。"建安(建瓯)离京师(开封)三千五百里,每年采制新茶开始时都要举行开焙仪式,监造官和采制役工都要向远在京师的皇帝遥拜。造出第一批新茶后,用快马直送京师。

北苑贡茶有着十分精细的采制工艺,据南宋淳熙十三年(1186)赵汝砺的《北苑别录》记载,制茶包括如下工艺:采、拣、燕、洗、榨、搓揉,再榨、再搓揉,重复多次,研、压模(造茶)、焙、过沸水,重复多次、烟焙后过汤出色,最后晾干。大致过程有:

采茶:采茶需要在太阳出来前,趁着叶露还没蒸发开始动手,这样才能确保茶芽肥润,茶色鲜明。为此,北苑凤凰山上专门设了亭子,每天亭上击鼓时,群夫便在山上集合,由监采官给每个人发一块牌子,且要求采茶时只能用指尖采摘,为了防止过度采茶,到上午八时就会鸣锣,召回群夫。而每日群夫人数不超过 250 人。

拣茶:因为采到的茶叶有小芽、乌蒂等不同形状,所以在采茶以后需要按照不同的形状进行分拣,不同形状的茶叶有不同的制作方法,最终形成品质不同的茶叶。其中,最好的是水芽和小芽,最差的乌蒂、百合、紫芽等都不能使用。

蒸茶:经过挑拣的茶芽需要反复清洗,然后用沸水蒸茶。蒸茶时要把握力度,太熟颜色会偏黄,且味道寡淡,但若不熟的话,颜色则会偏青,且有青草味。

榨茶:蒸好茶叶之后,需要用小榨床榨去多余的水分,用小榨床榨去水分之后,再用大榨床榨去多余的茶汁。这一过程需要反复多次,直到压不出茶汁,否则所制成的茶饼颜色浑浊,味道重。

研茶:研茶时,将除去水分的茶叶放进陶盆,以柯为杵。研茶之前需加入少许山泉水,之后再边加水边研茶,不同的茶加入的水量也有区别。

压模(又称造茶):压模是把研好的茶叶放进雕刻花纹的磨具中,紧紧压实之后取出,稍做晾晒。

焙茶(又称过黄):茶饼晒至稍干以后,用大火烘焙,之后再用沸水浴之,反复数次后,用小火烟焙,之后烟焙日数根据茶饼的厚薄决定。

过汤出色：烘焙之后的茶饼，还需要过沸水来出色，出色后要放在不透风的室内，用扇子急扇，这样色泽更加自然光亮。

北苑贡茶是宋朝的主要贡茶，每年的产量可达数万斤。此外，除了福建外，南方很多地区也产茶，比如江苏、四川、江西等。但因为群众反对，江西的贡茶后来便被废除了。

宋朝北苑贡焙规模宏大，仅从南唐继承来的焙茶厂就有 1336 焙，淳熙十三年（1186 年）赵汝砺写《北苑别录》时记载，有官焙“四十六所，广袤三十余里”，亦有“采茶工匠数千人”“每岁縻金共二万余缗”“细色茶五纲，凡四十三品，形异各异”。可以说官府穷奢极欲地生产贡茶，是为了自己享用。

宋初，北苑贡茶数量并不多，嗣后逐次增多，“龙焙初兴，贡数殊少。太平兴国（976 年 — 984 年）初，才贡五十片，累增至元符（1098 年 — 1100 年），以片计者一万八千，视初已加数倍，而犹未盛。今（宣和七年，即 1125 年）则为四万七千一百片有奇矣”。此外，建州每年还要上贡相当数量的腊茶等一般片茶。宋仁宗（1023 年 — 1063 年在位）初，除造小龙小凤各 30 斤、大龙大凤各 300 斤、造腊茶 15000 斤，“建茶岁产九十五万斤，其为团胯者，号腊茶，久为人所贵。旧制岁贡片茶二十一万六千斤”。南宋建炎二年（1128 年）发生了叶浓领导的农民起义，“园丁亡散，遂罢之”。绍兴四年（1134 年）“明堂始命市五万斤为大礼赏”，孝宋淳熙年间（1174 年 — 1189 年在位）以贡茶 5 万斤为准。可能腊茶充贡的最高数量超过 20 余万斤，因为宋人说到腊茶之贡，宋初“每岁不过五六万斤，迄今岁出三十余万斤”。除了建立规模庞大，制作精细的官焙茶场外，宋朝还尽其所能地搜刮民营茶园的茶用以充贡，上供岁额合诸路草茶为 482179 斤。

所谓定额也常被突破。如治平中（1064 年 — 1067 年）达到 74.4 万斤，天禧末（1017 年 — 1021 年）为 76 万余斤。《元丰九域志》载，建宁府贡石乳、龙凤等茶，南康军土贡茶芽 10 斤，广德军土贡茶芽 10 斤，潭州长沙郡土贡茶末 100 斤，江陵府江宁郡土贡碧涧茶芽 600 斤，建州建安郡土贡龙凤茶 820 斤，南剑州剑浦郡土贡茶 110 斤。

由于贡茶数实在众多，地域太广，有时统治者还要做出一点姿态。大中祥符（1008 年 — 1016 年）初，一次停罢 30 余州的岁贡茶。贡茶一般用以各统治者享用、赏赐等，对市场的贡献较少，但仍对市场有一定的影响。

这种影响主要体现在以下两个方面：一是部分贡茶有时被用于市易，进行交换。如“建宁腊茶，北苑为第一”，这种茶多次用以贸易。绍兴五年（1135 年），《宋史》二十一卷（上）载“都督府请如旧额，发赴建康（江苏南京），召商人持往淮北。检察福建财用章杰，以片茶难市，请市末茶，许之。转运司言其不经久，乃止。既而官给长引，许商贩度淮。十二年六月，兴榷场，遂取腊茶为场本。九月，禁私贩，官尽榷之。上京之余，许通商，官收息三倍。又诏，私载建茶入海者斩。议者因请鬻建茶于临安。十月，移茶事司于建州，专一买发。十三年闰月，以失陷引钱，复令通商”。北苑官焙“第所造之茶不许过数，入贡之后市无货者，人所罕得。唯壑源诸处私焙茶，其绝品亦可敌官焙，自昔至今，亦皆入贡，其流贩四方，悉私焙茶耳”。

二是贡茶对消费时尚的示范效应。贡茶有“求早、求新、求精”的制作要求，在技术方面对市销茶产生影响，在消费时尚和制作要求上出现向贡茶“靠拢”的示范效应，对市场上茶质的提高有所帮助，也是贡茶对茶叶市场发展的副产品。

5. 宋朝茶叶贸易

（1）茶叶贸易繁荣

宋朝商品经济的迅速发展，为茶文化的发展与市场繁荣提供了基础。在北方，茶叶成为普遍流行的饮料，不仅是在民间，还在皇室和贵族中普遍流行，这让茶叶消费市场不断扩大。同时，在茶叶消费需求的推动下，茶叶贸易不断增加，贸易税在国家税收中的比重也不断增加。此外，还延伸出专门的茶叶种植园、茶商、茶学著作和不断发展的制茶工艺。在宋朝，宋徽宗甚至亲自创作了《大观茶论》，从而大大地促进了茶文化的发展。

（2）茶叶走私活动猖獗

茶叶走私自唐朝开始就已出现，但到了宋朝，随着政府对茶叶贸易管控的不断加强，茶叶走私活动更加猖獗。由于宋朝茶法多有变化，这里所说的宋朝走私茶，特指未领引票而贩卖茶叶、未经批准而贩卖茶叶和违禁偷运出境茶叶的行为。官员皇甫鉴在担任光州光山县知县时记述了这样一件事：“百姓贩私茶犯法，鉴曰：‘贫民以茶养生亦何异于为农，不忍绳之以法。’郡守以问，鉴对曰：‘贫民不得贩茶，且为他盗，罪辟益重。不如容之，使有以自存’。”这则记述说明了

当时贩运私茶活动的猖獗。另据《金史》记载："茶自宋人岁供之外，皆贸易于宋界之榷场。世宗大定十六年，以多私贩，乃定香茶罪赏格。"虽然在宋辽、宋金之间的边界地区，双方实行榷场贸易，对私自贸易实行各种形式的限制和打击，但是茶叶走私问题仍十分严重。"然沿淮上下，东自扬、楚，西际光、寿，无虑千余里，其间穷僻无人之处，则私得以渡，水落石出之时，则浅可以涉"，沿淮走私贸易十分猖獗，有的甚至千百人结队成行，持藏武器，武装走私，官兵不敢干涉。小商贩往往以个人之力进行"担挑步运式"走私，因其人数较多，走私数量十分庞大，而大商人则"多以大风雨夜，用小舟破巨浪，潜行搬置"，抑或与官府勾结进行走私贸易。

（3）制售假茶层出不穷

事实上，自唐朝以来，由于茶叶市场的发展，民间出现了制作和销售假茶、以次充好等现象。到了宋朝，随着茶叶市场的空前繁荣发展，制售假茶事件更是层出不穷，为政府的茶叶贸易监管出了难题。

宋太宗时期，温州茶农用桑树叶子冒充茶叶出售，被称为温桑茶。苏颂在《图经本草》中曾记述："又有皂荚芽、槐芽、柳芽，乃上春摘其芽，和茶作之。故今南人输官茶，往往杂以众叶。惟茅庐竹箬之类不可入。自余山中草木芽叶，皆可和合，椿柿尤奇。"欧阳修《论茶法奏状》中提及，"往时官茶容民入杂，故茶多而贱，遍行天下"（卷一一二《奏议》）。这反映北宋前期茶叶掺假是由于制售假茶之风屡禁不止所致，宋徽宗在《大观茶论》中慨叹道："又有贪利之民购求外焙已采之芽，假以制造；碎已成之饼，易以范模。"连进贡的茶叶都有人敢仿冒，可见宋朝时茶的造假之风有多盛。

（4）宋朝对茶叶贸易的法律管理

①加强茶叶贸易的监管力度。为了规范茶叶市场的行政管理，宋朝在制度层面制定茶叶专卖制度，即茶叶不再由农民自由种植、茶商自由定价和买卖，而是由政府在各个环节都进行干预和管理。为此，政府还专门设立了"十三山场"作为官方市场，以此管理淮南茶叶贸易。在此基础上，政府形成了对茶叶生产与贸易的垄断以及有效监管。

为了防止因丰厚茶利引发的贪污腐败行为，宋朝茶管理机构还派驻监茶官员，"宋有监茶，谓之监当官。以征榷场务，岁有定额，以登耗为殿最赏罚，凡课利所入，逐日具申于州"。在这里需要说明的是，宋朝在熙宁七年榷川茶后设茶场四十一处，但置监当官之所仅为七处，其中仅州因产茶众多而派驻有监茶官。如史料记载，张蕴曾监光州光山茶场，虽然监茶官是最基层的官员，但也被纳入三司运行机制。

②加大对走私贩茶的打击力度

对于除官方授权之外，私自贩卖茶叶的行为严令禁止，为此，宋朝设立了专门的法律，如《茶法条贯》，还颁布了通商法、禁榷法和卖引法。此外，对违反法律法规的走私茶贩，还会进行严厉的惩罚；对于举报走私茶贩者，则给予奖励。

在宋朝，由于寺院也有地产、茶园，可自产茶叶，所以政府对寺院自产的茶叶也有明确规定。在《宋会要辑稿》中，记载了对于寺院每年茶叶产量限制的规定，而且明确规定寺院产的茶叶不许售卖。此外，政府专门派官员到各地巡视，发现民间有非法走私贩茶组织，则通过军队进行有力的镇压。

如皇佑三年（1051 年），王鼎在福建建瓯做官，“时盗贩盐茶者众，鼎一切杖遣之。监司屡以为言，鼎不为变”（卷十一《食货志・茶上》），王鼎对大规模、有组织的贩卖私茶人员和茶商采取软硬兼施、剿抚并用的手段，从而取得了较为理想的治理效果。在官府强有力的打击下，走私茶叶活动虽然得到一定程度的遏制，但是始终不能做到令行禁止，每年查处捕获的私茶都有数万斤之多。

北宋末年，开始施行卖引法后，贩卖私茶之风日盛，政府也加大了打击力度，先后颁布了《政和茶法》《绍兴茶法》，对贩售私茶予以严惩，如出台连坐保甲法，“邻保者必加互察，不容其私矣”，此法威慑力极强，“考一逮十，考十连百”。同时，政府对茶马贸易中的走私贩私行为也十分关注，对贩卖茶种、茶苗入蕃者予以重罚，如绍兴十二年（1142 年）十一月颁布的《茶子罪赏指挥》规定：“如辄敢贩卖（茶子）与诸色人致博卖入蕃及买之者，并流三千里。其停藏负栽之人各徒三年，分送五百里外并不以赦降原免。许诸色人告捉，每名赏钱五百贯，内茶园户仍将茶园籍没入官。州县失觉察，当职官并徒二年科罪。”（卷一百九十八《兵志》十二）最后，以酷法惩处制售假茶行为。

面对日益猖獗的茶叶作假之风，北宋出台了我国历史上第一部专门制裁打击假茶的法律法规：“开宝中，禁民卖假茶，一斤杖一百，二十斤以上弃市。已未，诏自今准律，以行滥论罪。”（卷二十《续资治通鉴长编》）官府此后数次重申，甚至是加大对假茶打击处罚的力度，如雍熙二年规定：“民造温桑伪茶，比犯真

茶计直十分以二分之罪。”（卷一八三《食货志·茶上》）宋仁宗景祐二年规定：“诏山泽之民，撷取草木叶为伪茶者，计其直从诈欺律，准盗论，仍比真茶给赏之半。”（卷一一六《续资治通鉴长编》）为了打击制售假茶行为，官府不仅通过严刑峻法加大对制售者的惩处，而且对销售假茶的茶商进行经济上的处罚，对主动检举控告假茶的举报人予以经济奖励，如“茶铺入米豆杂物糅合者募人告，一两赏三千，及一斤十千,五十千止”。“禁止茶铺户入米豆外料等拌和末茶，募告者，一两赏三贯，及一斤十贯至五十贯”（卷三百三十八《续资治通鉴长编》）；对处置假茶不力的官员进行追责问责。这些法律法规不仅极其严酷，而且也比较全面系统。

综上所述，可以看出，宋朝在茶叶市场的管理上，可以说是做到了经济层面、行政层面和法律制度层面的系统化、综合化管理，并且提出很多首创的管理思路和措施。这些政策和举措的实施有力地打击了当时的假茶、私茶贩卖行为，在一定程度上促进了茶叶市场的健康发展。但到南宋时期，假茶私茶势力越来越大，终于引发茶农暴动，导致茶叶市场一度走向败落。

据史料记载，元祐八年（1093 年），熙州查获一个所造假茶已经达到 2000 余斤的茶商。王安石不得不承认：“而今官场所出，皆粗恶不可食，故民之所食，大率皆私贩者。”（卷七十《议茶法》）制售假茶、贩售私茶始终难以禁止，究其原因在于宋朝所制定的各种规范茶叶市场的法律法规不是良法之治，而是为了维护官府经济收益而制定。这些法规措施的根本目的是与民争利，盘剥茶农和茶商，而不是为了改善民生，与民休息，虽然政府努力修补各种法规漏洞，但是严刑峻法之下仍有人敢冒死触犯法律法规的底线。

除了关于茶叶的法律法规和行政管理的不理想所带来的很多消极影响，还有一个重要的原因——茶叶市场被一些实力雄厚的大茶商所垄断。这些大茶商和官方之间逐渐形成了利益共同体。很多茶商与政府官员联姻，例如宋真宗时，皇后兄长的女婿就是一个大茶商，他还是龙图阁直学士。这些大茶商一度干预政府的茶政，包括茶价、茶叶立法；等等，也成为政府改革茶政的阻碍力量。

茶法变更频繁，“非有为国之实，皆商吏协计，倒持利权，幸在更张，倍求其羡。富人豪族，坐以贾赢，薄贩下估”((卷一八四《食货下·六·茶下》)。由此可见，宋朝茶商所代表的利益集团对茶法的制定已经有了不可小觑的影响。

客观来看，宋朝围绕茶叶市场管理制定的相关法律法规，兼具合理因素和不

合理因素。而在具体实施的过程中，有利于茶商、茶政官员利益集团的政令得到了积极执行，而不利于他们的部分则被歪曲或消极执行了。这也是导致茶叶市场监管效果不理想的一个重要原因。

《宋会要辑校》记载，“使臣职员，务买数多，用为劳绩，拣选不精，人户启幸，多采粗黄晚叶，仍杂木叶蒸造，用填额数，并于额外，名利价钱，名为不及号茶，新时出卖不行，积岁渐更陈弱。”

这说明茶政在自上而下的推行过程中，受到地方官员的主观干扰，仅仅是有利于自己政绩的部分被执行，其他部分则阳奉阴违，从而导致监管效果不理想。

6. 茶馆文化的兴起

宋朝的茶文化除了茶叶制作工艺和相关文化著作以外，还包括茶馆文化的产生和发展。在《东京梦华录》中，就对北宋时期汴京的茶文化进行了详细的描述和记载。北宋时期，汴京兴起了很多茶馆，鳞次栉比，从早到晚，还有直到夜市结束才关门的。除了都市以外，乡镇、山村中的茶馆文化也空前流行。

在北宋画家张择端的代表作《清明上河图》中，茶馆和茶坊在汴京的商业街上随处可见。茶文化在民间的逐渐兴起，推动了茶叶市场的不断繁荣。当茶叶的产制与消费日趋规模化时，独具发展特色的茶文化，已经深刻地影响了社会各阶层民众的休闲理念与社交方式。

（八）元明清

自元朝以后，精湛的饮茶技艺与独特的饮茶习俗，续写了我国古代茶文化发展历史的壮丽篇章。

1. 元朝茶文化特色

元朝在我国古代的统治只维持了不到一百年，但这并不影响它在茶学和茶文化方面的成就和创新。蒙古族是游牧民族，主要饮品是马奶酒，随着蒙古人向金朝统治下的农业区扩展，逐渐对茶产生了兴趣，而茶的平淡更适应于以肉食为主的蒙古人的需要，蒙古贵族对茶的崇尚更推动了茶业的发展。

蒙古族入主中原后，吸收了汉族的部分饮茶方式，除了沿袭唐宋时期的传统茶文化和茶俗之外，元朝茶文化也进行了一些民族特色的尝试，形成了具有蒙古特色的饮茶方式，比如散茶和直接用沸水冲泡茶叶的饮茶方式的出现。与此同时，散茶的普及也促使了炒青技术的出现，而元朝饮茶方式的革新，在一定程度上也为明朝炒青散茶的兴起奠定了基础。

元朝停办科举，仕途也十分险恶，许多文人以茶诗文自嘲自娱，还以散曲、小令等借茶抒怀。如著述名散曲家张可久弃官隐居西湖，以茶酒自娱，写出《寒儿令·春思》言其志；乔吉感慨大志难酬，“万事从他”，却自得其乐地写道“香梅梢上扫雪片烹茶”。茶入元曲，茶文化因此多了一种文学艺术的表现形式。

另外，元朝茶馆也是一个社会缩影。《全元曲》中出现饮茶场景，大多数是发生在茶馆中。当时，人们称之为茶坊、茶肆。

2. 明朝饮茶风气鼎盛

（1）散茶的兴起

据相关史料记载，散茶出现之前，饼茶主要是社会中上层的饮品，或用来边销，民间也有一些旋摘旋炒的炒青一类的茶叶。追溯“茶叶”一名的来源，与团茶、饼茶、片茶、芽茶、散茶有关。毛文锡在《茶谱》中（935 年前后）称：“眉州洪雅、昌阖、丹棱，其茶如蒙顶制茶饼法，其散者叶大而黄，味颇甘苦，亦片甲、蝉翼之次也。”

片甲、蝉翼是“散茶之最上”者，以其芽叶形状而名。散茶是各种非紧压茶的统称，其下有片甲、雀舌、麦颗等一类专名。至于芽茶可以是散茶，也有如毛文锡《茶谱》所说蒙山“压膏露牙、不压膏露牙”和宣城用若牙装面的小方饼——丫山阳坡横纹茶等一类紧压茶。

从中国古代各个时期茶叶的发展情况和史料记载来看，唐朝时的散茶在生产和销售方面都比较少，因此并未反映在文本上。到了宋朝，尤其是南宋时期，散茶逐渐在市场上流通和推广，文献书籍中开始出现了关于“片”“散”等不同茶叶类型的记载。元朝时期，按照阶级不同，蒙古贵族主要以团茶、茶饼为主，普通百姓则多饮散茶和末茶。贡茶则以建茶为主，以龙团凤饼为主要充贡品种，因此又有以团、饼为“天下第一茶”的传统印象。明朝流行的芽茶和叶茶，其实可算是宋元时期草茶的发展和延伸。

这里要说明的一点是，古籍记载中的片茶（福建称为腊面茶或腊茶，有的地方称为研膏）并不是散茶，而是属于团茶和饼茶类，而宋朝时期所流行的散茶，主要指的是蒸青、末茶或炒青一类茶叶，有的地方把蒸青、炒青也称为草茶，也就是明朝兴起的芽茶和叶茶的前身。入明以后，《馀冬序录摘抄内外篇》所载："国初建宁所进，必碾而揉之，压以银板，为大小龙团，如宋蔡君谟所贡茶例，太祖以重劳民力，罢造龙团，一照各处，采芽以进。"这段文字描述的是明朝初年，建宁贡茶耗费大量的人力、物力采制龙团凤饼等紧压茶，朱元璋在得知此类贡茶的制作成本之后，为了减轻百姓负担、节省物力成本，下令取消此类贡茶的进贡，代之以芽茶的改造生产。最高统治者的这种改革措施，一方面打破了团茶、饼茶的传统束缚，带动了芽茶及其相关产业的发展；另一方面，减轻了百姓的负担，使社会生产和生活趋于平衡，在安定了民心的同时，也巩固了封建统治，实现了国家政治、经济、文化、生活等的全方面稳定。

废除团饼茶的是明太祖朱元璋。他于洪武二十四年（1391 年）九月十六日下诏："罢造龙团，惟采茶芽以进。"自此之后，经过改造后的芽茶取代了龙团凤饼贡茶，成为皇室进贡专属茶品。由于散茶的饮茶方法多是直接用沸水冲泡，散茶不仅成为皇室贡茶，还在民间得到进一步推广。与此同时，直接冲泡饮茶方式的普及也带动了其他品类茶叶的复兴和发展，以及茶叶加工技术的革新，如改进蒸青技术、产生炒青技术等。自此，烹点茶叶在民间得到进一步推广，开始贯穿于百姓的日常生活。

（2）名茶类别繁多

明朝茶叶全面发展，首先表现于各地名茶种类繁多。如前所说，宋朝散茶在江浙和沿江一带发展较快，但文献中提及的名茶，只有日注、双井、顾渚等几种，但明朝黄一正在《事物绀珠》（1591 年）中所辑录的"今茶名"有（雅州）雷鸣茶、仙人掌茶、虎丘茶、天池茶、罗蚧茶、阳羡茶、六安茶、日铸茶、含膏茶（邕湖）等 97 种之多。

《事物绀珠》成书于万历初年；上述记载表明，散茶或叶茶经过明朝两个世纪的发展以后，不但形成了如此众多的名特茶叶，而且各地区基本上都有了自己的主要茶叶产地和代表名茶，从而奠定了我国近代茶业或茶叶文化的大致格局和风貌。

（3）制茶技术的革新

《王祯农书》中对于元朝散茶的采制工艺曾有过系统、完整的介绍，但这种描述只局限于蒸青一种，对于其他高档茶的制作，记录得并不明确。到了明朝，制茶技术有了很大程度上的发展。明朝以后，如闻龙《茶笺》（1630 年）所言，"诸名茶法多用炒，惟罗蚧宜于蒸焙"。在制茶上，普遍改蒸青为炒青，为芽茶和叶茶的普遍推广提供了一个极为有利的条件，也使炒青等制茶工艺达到炉火纯青的程度。明朝罗廪《茶解》中（1609 年）的炒青技术要点：采茶"须晴昼采：当时熔"，否则"色味香俱减"。采后萎调，要放在箪中，不能置于漆器及瓷器内，也"不宜见风日"。炒制时，"炒茶，铛宜热；焙，铛宜温"。

炒茶的具体工序是："凡炒止可一握，候倒微炙乎，置茶铛中，机礼有声，急手炒匀，出之缤上薄摊，用扇扇冷，略加揉授，再略炒，入文火铛焙干。"这段文字介绍了杀青、摊凉、揉捻和焙干过程，要注意的是杀青后薄摊一定要用扇扇冷，色泽如翡翠，不然会变色。另外，所用原料要新鲜，叶鲜膏液就足；杀青要"初用武火急炒，以发其香，然火亦不宜太烈"；炒后"必须揉摆，揉授则脂膏熔液"；等等。有些制茶工艺，如松萝等茶，对采摘的茶芽还要进行选拣和加工，经过剔除枝梗碎叶后，"取叶腴津浓者，除筋摘片，断蒂去尖"，然后炒制。

制茶技术的革新不仅提高了百姓的生活水平，还对近现代茶叶科学与制茶经典技术工艺产生了深远的影响，成为我国各种高档茶叶和名特产品的技术参考。

从种类上看，明朝社会以叶茶为主，而它的大范围推广同样带动了其他茶叶种类，比如黑茶、绿茶、红茶等的共同发展。以黑茶为例，据现有文献资料考证，黑茶最早出现于洪武初年，而后借助茶马交易带来的便利条件，在万历年间扩散至湖南多个地区，至清朝后期黑茶已经发展成为湖南安化的一种特产。

花茶源于北宋龙凤团茶掺入龙脑等加工工艺，南宋前期，已经有了用茉莉等鲜花窨茶的技术，但花茶，还是兴于明朝。据朱权《茶谱》（1440 年前后）、钱椿年《茶谱》（1539 年）等茶书记载，明朝常用窨茶的鲜花除茉莉外，还有木樨、玫瑰、蔷薇、兰蕙、橘花、栀子、木香梅花和莲花等数十种。

乌龙茶，又称青茶，是明清时首先创于福建的一种半发酵茶类。

红茶创始年代和青茶一样，也无从查考，从现存文献中发现，其名最先见于明朝中叶的《多能鄙事》（十五六世纪）。入清以后，因茶叶外贸发展的需要，红茶由福建传到江西、浙江、安徽、湖南、湖北、云南等省份，在福建已有工夫、小种、白毫、紫毫、选芽、漳芽、兰香和清香等名品。

（4）饮茶方式的变革

饮茶方式的变革主要体现在茶具上，也就是宜兴紫砂壶的兴起和繁荣。根据相关史料记载，紫砂壶最早出现于宋朝，后受到朝代更迭带来的文化冲击、文化人的积极参与、紫砂壶制作工艺的精细以及散茶饮茶方式的流行等因素影响，在明朝呈现出了前所未有的繁荣景象。

相传明德正德年间，宜兴金沙寺有一个名叫金沙僧的和尚，非常喜欢饮茶，为了让茶的口感更佳，他选用了宜兴本地的紫砂细砂进行加工，制作出了紫砂材质的圆坯，烧制出了中国最早的紫砂壶雏形。后来，被称为紫砂壶鼻祖、第一位制壶大师的龚（供）春跟随主人来到金沙寺，拜金沙僧为师，学习烧制紫砂壶的工艺，并在此基础上进行改造，制作出了“供春壶”。因其品质上乘，深得当时人们的青睐，更享有“供春之壶，胜如白玉”的美誉。到了明朝万历年间，先后出现了“四家”（即董翰、赵梁、元畅、时朋）和“三大壶中妙手”（即时大彬、李仲芳、徐友泉）。时人好风雅，在当时，有很多文人会根据自己的作品特色，请专业的紫砂壶匠人将自己的作品刻在紫砂壶上，著名书画家董其昌、文学家赵宧光等就是其中的典型代表。

明朝人崇尚紫砂壶达到狂热的程度，“今吴中较茶者，必言宜兴瓷”（周容《宜瓷壶记》），“一壶重不数两，价值每一二十金，能使土与黄金争价”（周高起《阳羡茗壶系》）。由此可见，明朝人对紫砂壶的喜爱之深。

（5）为茶著书立说形成新的高潮

我国是最早为茶著书立说的国家，在明朝达到一个兴盛期，而且形成鲜明特色。明太祖朱元璋第十七子朱权编写了《茶谱》一书，对饮茶之人、饮茶之环境、饮茶之方法、饮茶之礼仪等做了详细介绍。陆树声在《茶寮记》中提倡于小园之中，设立茶室，室中有茶灶、茶护，窗明几净，颇有远俗雅意，强调的是自然和谐美。张源在《茶录》中说：“造时精，藏时燥，泡时洁。精、燥、洁，茶道尽矣。”这句话简明扼要地阐明了茶道的真谛。

此外，明朝茶文化的成就还体现在对茶文化进行归纳总结，进而提炼出的多种艺术样式形式，比如反映茶农疾苦、讽刺时政的茶诗，其中以高启的《采茶词》为典型代表作，还有茶片、茶画、茶歌、茶戏等艺术样式。多种艺术样式百花齐放，向世人展示了明朝茶业的发展状况和其所开创的新局面，为后代茶文化

艺术内容的完善和发展做出了贡献。

（6）茶园管理技术方面的飞跃

程用宾在《茶录》（1604年）中记录："肥园沃土，锄溉以时，萌蘖丰腴。"是明朝人对茶园管理的概括，也是他们力行的目标。宋朝对茶园建设进行施肥、除草讲得十分简单，明朝人罗廪在《茶解》中对茶园的建设过程提出"土地平整"要求。至于茶园的耕作施肥，《茶解》有如此的记述："茶根士实，草木杂生则不茂。春时薙草，秋夏间锄掘三四遍，则次年抽茶更盛。茶地觉力薄，当培以焦土。""每茶根旁掘一小坑，培以升许须记方所，以便次年培壅晴昼锄过，可用米泔浇之。"另外，在茶园间种方面，宋朝时只提到间植桐树，《茶解》中则进一步提出了可种植桂约和兰草、菊花等清芳之品，即上层种乔木形花果，中间为茶树，下层种兰、菊一类草本花卉，使茶园幽香常发，可以蔽土，抑制杂草生长，现称"立体种植"。关于用覆盖的办法抑制杂草生长，在清朝《时务通考》（1897年）一书中有提及，在锄地以后，"用干草密遮其地，使不生草莱"，除了可防止杂草生长外，还具有防止土壤流失、蓄水保墒和施肥等效应。

在元朝以前，史籍中对茶树的更新复壮无甚记述，直至清初《匡庐游录》《物理小识》和《时务通考》中才有茶树更新方法的记录。如方以智在《物理小识》中称："树老则烧之，其根自发。"《匡庐游录》载："山中无别产，衣食取办于茶，地又寒苦，茶树皆不过一尺，五六年后梗老无芽，则须伐去，俟其再蘖。"以上这些都是有关更新方法的最早记载。至清朝咸丰年间，张振夔在《说茶》一文中提及："先以腰镰刈去老本，令根与土平，旁穿一小阱厚粪其根，仍覆其土而锄之，则叶易茂。"显然，这时已从消极的"俟其再蘖"，蜕变至采取一系列措施促其叶茂。《时务通考》记载："种理茶树之法，其茶树生长有五六年，每树既高尺余，清明后则必用镰刈其半枝，须用草遮其余枝，每日用水淋之，四十日后，方除去其草，此时全树必俱发嫩叶，不惟所采之茶甚多，所造之茶犹好。"这是一种类似现代的重修剪木。此外，有关茶树生物学特性和茶叶采摘等方面的知识与技术，在明清时期也都有较大提高和发展，成为这一时期茶学的基本内容。

明清时期的茶叶科学技术代表了我国传统茶业技术的最高水平，也象征着当时我国与世界茶业技术交流的最高水准。之所以能有这番成就，是因为时人积极引进近代科学技术，从而推动了茶业的飞速发展。

（7）明朝贡茶的生产

明朝御茶生产导致茶农负担甚重，除完成摊派的贡额之外，茶农每年还要分担喊山供祭费。释超全在《武夷茶歌》中曾记载："景泰年间（公元 1450 — 1456 年），茶久荒，喊山岁犹供祭费，输官茶购自他山。"当时，建宁每年惊蛰日，官吏致祭御茶园边通仙井，祈求井水满而清，用以制贡茶，祭毕鸣金击鼓，台上扬声同喊："茶发芽！"

明朝时蒸青团饼茶渐渐减少，随着炒青芽茶的出现，开始改贡芽茶（即散茶）。据《明大政纪》记述，明太祖朱元璋于"洪武二十四年（公元 1391 年）九月，诏建宁岁贡上供茶，罢造龙团，听茶户唯采芽茶以进，有司勿与。天下茶额唯建宁为上，其品有四：探春、先春、次春、紫笋，置茶户五百，免其徭役。上闻有司遣人督迫纳贿，故有是命。"因此，正式改贡芽茶是自明朝始，芽茶品质优于团饼茶，官吏们趁督造贡茶之机，贪污纳贿，无恶不作。

《明食货志》载："明太祖时（公元 1368 — 1398 年），建宁贡茶一千六百余斤，到朱载垕隆（公元 1567 — 1572 年）初增到两千三百斤。"明朝时其他各地贡茶额也比宋朝增加。其增加的数额中，有相当部分是督造官吏层层加码之故。

明孝宗弘治年间（公元 1488 — 1505 年），进士曹琥在《请革贡茶奏疏》中曾揭露这种贡茶苛政："臣查得本府（广信府）额贡芽茶，岁不过二十斤。迩年以来，额贡之外有宁王府之，有镇守太监之贡，是二贡者，有芽茶之征，有细茶之征。始于方春，迄于初夏，官校临门，急如星火。农夫蚕妇，各失其业，奔走山谷，以应诛求者，相对泣。因怨而怒，殆有不可胜言者。如镇守太监之贡，岁办千有余斤，不知实贡朝廷者几何？"接着他陈述了贡茶的五大害处：其一，采制贡茶正当春耕季节，农民男废耕，女废织，全年衣食无着；其二，早春二麦未熟，农民饿着肚子采茶制茶，困苦不堪；其三，官府收茶百般挑剔，十不中一，茶农只好忍受高价盘剥，向富户购买好茶，以充定额；其四，无法交够定额，只得买贿官校，以求幸免；其五，官校乘机买卖贡茶，敲诈勒索，使得农民倾家荡产。

天下产茶之地，岁贡都有定额，有茶必贡，无可减免。据《明旧志》记载，明神宗万历年间（公元 1573 年 — 1620 年），昔富阳鲥鱼与茶并贡，百姓苦难言。韩邦奇曾写了一首《茶歌》，揭露当时统治者的罪行。

3. 清朝茶的发展

清朝的茶文化是在明朝的体制和文化影响下形成和发展而来的，受到这种因素影响，主要具有以下三个特征：

第一，饮茶风尚更加讲究。清王朝由起源于长白山之东北的布库里山下的游猎民族所建立，受地域因素的影响，以肉食作为主要食物，因茶性清淡，深受日常饮食偏油腻的清朝贵族青睐，比如视茶如命的乾隆帝，不仅品茶、鉴茶、创作茶诗，更是在晚年退位后，在北海镜清斋内专设“焙茶坞”以作赏茶。早在宋朝，民间的饮茶方法就已根据不同地域的特色呈现出不同的特征，比如明陈师《茶考》载“杭俗烹茶，用细茗置茶瓯，以沸汤点之，名为撮泡”，即煮茶时要经过用开水洗涤茶壶、茶杯并擦拭干净，而后倒掉茶渣，再斟满的过程；再如粤闽地区，工夫茶成为广东人、闽南人青睐的饮茶习惯。到了清朝后期，饮茶方式的地域特征更加明显，如江浙一带，人们比较推崇绿茶，北方人则推崇花茶。

第二，茶叶外销更加延展。清朝初期，随着中外往来的日益加强，茶叶出口量逐渐增多，中外在茶文化方面的交流活动也日益增多。早在 16 世纪时，英国就开始向中国进口茶叶，而后茶文化在英国开始普及和推广，同时融入了英国人特有的礼仪，形成了具有英国特色的茶文化，但在冲泡技艺和礼节上还带有很多中国色彩。此外，我国与俄罗斯也有茶文化交流，俄罗斯文艺作品中还有很多关于茶的场景描写，比如茶宴、茶礼等，这也成为我国茶文化在俄罗斯生活中的反映。

第三，茶文化开始成为小说描写对象。诗文、歌舞、戏曲等文艺形式中描绘“茶”的内容有很多。在众多小说话本中，茶文化的内容也得到充分展现。“一部《红楼梦》，满纸茶叶香。”《红楼梦》是清朝小说的集大成者，它的光彩之处不仅仅在于通过形象的语言讲述了四大家族的兴衰蜕变、儿女情长，还在于对明后期至清朝两百多年茶文化的细致描绘，从王公贵族到文人学士，再到平民百姓的生活，进行了二百六十多处的描写。而咏茶诗词中有十多首是对形形色色饮茶方式的展现。

清朝末年，随着西方列强对我国的侵略，社会动荡、政局不稳定、百姓民不聊生，茶文化也受到了影响，逐渐衰微，趋于简化。但这并不意味着我国茶文化的完结，而是开启了新的发展篇章，逐渐向下层延伸，其生命力更加顽强，内涵更加丰富。

清末民初，城市乡镇出现了比比皆是的茶馆、茶肆、茶摊，路边供行人消暑的茶亭及大茶缸也随处可见。在百姓的日常生活中，有客人到访必沏茶以示尊敬，这可谓是我国的优秀传统文化，而随着传统制茶工艺的发展，最终形成了今天的六大类茶一统茶天下的格局。

（九）现代茶叶的发展

1. 茶叶种植面积不断增加

近年来，我国茶产业快速发展，一、二、三产业融合推进，呈现出良好的发展势头。目前，全国有茶园面积约 4400 万亩，茶叶年产量约 260 万吨，分别占世界的 60%和 45%，稳居世界第一位。所产茶叶中，每年有 10%以上出口，每年出口额 16 亿美元左右。从区域划分来看，我国共有华南、西南、江南、江北等四个国家一级茶叶产区。由于在土壤、海拔、水热、植被等方面存在差异，根据中国茶叶流通协会数据显示：2019 年，全国 18 个主要产茶省 (自治区、直辖市) 的茶园面积为 4597.87 万亩，其中，可采摘面积 3690.77 万亩，超过 300 万亩的省份是云南、贵州、四川、湖北、福建。

2. 茶产业发展情况

近年来，全国茶园面积保持在 4400 多万亩，产量 260 多万吨，生产规模增长已趋于稳定，更加注重发展质量与效益，茶叶产值也不断增长。2019 年全国干毛茶年产值突破 2300 亿元，同比增长 11% 左右。随着我国茶叶产品消费升级，产品结构日趋丰富多样。2019 年绿茶、黑茶、红茶、乌龙茶产量占比分别为 67.9%、10.7%、9.2%、10%，白茶、黄茶继续快速增长，产量增幅达 40% 和 110%。除了传统泡饮茶外，茶叶精深加工产品也不断增加。

随着社会的发展，茶消费逐渐年轻化、多元化。茶产业也正从单纯的农业产业，向生态、健康、休闲、生物产业等多个方向开疆拓土。茶业特色小镇、茶庄园、茶叶田园综合体遍地开花。

3. 机器代替手工实现茶叶加工全程机械化

20 世纪 50 年代之前，由于科学技术尚处于相对落后的阶段，所以茶叶加工多用传统的手工制作方法。1956 年，炒青绿茶初制机械率先在浙江省开始施行，后在皖、湘、粤等省得到普及，茶叶加工制造开始走向机械化方向。随着珠茶炒干机、龙井茶整形机、雨花茶揉制机、乌龙茶摇青机、包揉机、花茶拼和机及多层窨花联合机、紧压茶蒸压机等研制与推广，大宗红、绿茶实现了机械制茶。目前，在全国茶叶制作加工机械化覆盖率高达 70% 的情况下，采茶、修剪、中耕除草、播种、喷药、灌溉也相继应用机械操作，机械逐渐替代人工，这极大地提升了茶叶加工效率和茶叶质量。

4. 茶树良种种植面积扩大

多年来，我国已经收集、筛选、保存了有价值的种质资源 650 个，并采用了不同的方法培育新品种，到目前为止，已经有 52 个品种顺利通过全国良种审定委员会审定，并在全国范围内推广施行。根据资料显示，我国良种种植面积达 400 万亩，占据茶园总面积的四分之一，这都得益于短穗扦插育苗技术在全国各茶区的推广，以及浙江、云南、广东、广西等地建立的茶树良种繁育基地，这些举措不仅推广了良种培育，还改善了茶园品种结构，提高了茶叶的质量和产量。

5. 茶叶品类丰富，茶叶商品范畴扩大

随着社会经济的不断发展及制茶工艺的不断革新，我国的茶文化在近四十年来也取得了划时代意义的发展，主要表现如下几个方面。

（1）首创红碎茶。红碎茶是一种碎片或颗粒茶叶，已有百年历史，1988 年已突破 10 万吨。近 30 年来，中国红碎茶的生产更是遍及全国各主要茶区。红碎茶从无到有，直至出口国外，使我国红碎茶产销进入了顶峰期。

（2）恢复名特优茶的生产。据统计，至今为止，我国市场上在售的名特优茶超过百种。

（3）丰富茶品形式。随着百姓生活水平的不断提高，人们对于生活质量的追求也不断提升，为了适应不断变化的消费者需求，除了对传统固体条茶和紧压茶进行科技升级外，还增加了碎茶（颗粒形茶）、速溶茶、液体茶、茶饮料以及各种茶制品。同时，传统茶叶商品也开始向加香红茶及添加其他成分的养生茶方向发展。

6. 我国茶叶贸易存在的问题

中国是世界重要茶叶出口国之一，从 19 世纪前的绝对垄断到 19 世纪后期逐渐被其他发展中国家反超，到新中国建立后恢复稳步发展，受国际大环境影响较大。随着全球贸易一体化发展的推进，影响我国茶叶贸易发展的主要因素开始集中于核心市场竞争力不足和欧盟日本等主要进口国的技术性壁垒 (例如 : 农药残留标准等) 在出口门槛提高后，我国无法继续依靠价格优势取胜，面对激烈的市场竞争和跨国茶企对本土市场的冲击，我国茶叶出口贸易发展困难重重。2016 年在多种因素的作用下，茶叶出口开始恢复增长，2016 年中国茶叶出口数量为 328694 吨，同比增长 1.2%; 出口金额为 1484881 千美元，同比增长 7.5%。

7. 茶艺交流蓬勃发展

近年来茶文化逐渐产业化，开始作为一种文化产业活动在全国范围内开展，许多省、市、自治区以及涉及茶业的企业或社会组织，纷纷成立了有组织、有制度、有发展规划的茶艺交流团（队），这促使茶文化的发展和推广进入了一个崭新的阶段。

8. 茶文化社团应运而生

在茶文化发展历程中，茶文化社团的存在价值同样不容忽视，它不仅是一种艺术化的茶文化，更对茶文化的弘扬和发展具有重要的推动作用。

9. 举办茶文化节和国际茶会

有关茶文化的文化节和国际茶会，近几年层出不穷，如西湖国际茶会、中国溧阳茶叶节、中国广州国际茶文化博览会、武夷岩茶节、普洱茶国际研讨会、法门寺国际茶会、中国信阳茶叶节、中国重庆永川国际茶文化旅游节等，这些规模不等、地点不定、主题不同的茶文化节对深化茶文化内涵、普及茶文化知识有着深远的影响。

10. 茶文化书刊推陈出新

茶文化书刊是在专家学者对茶文化和茶俗进行了考察调研、系统整理、归纳总结后出版的最具专业性和权威性，可为后人研究茶文化提供科学参考资料的专业期刊、报道信息、报纸专栏等，这也在一程度上提升了茶文化的艺术品位。

11. 茶文化教学研究机构建立

我国已有 10 多所高等院校设有茶学专业，培养茶业专门人才。有的高等院校还成立了茶文化研究所，开设茶艺专业和茶文化课程。一些主要产茶省、自治（区）设立了相应的省级茶叶研究所。茶叶主要产销省、市、自治（区）成立了专门的茶文化研究机构，如北京大学东方茶文化研究中心、上海茶文化研究中心、上海市茶业职业培训中心、香港中国国际茶艺会等。随着茶文化活动的不断高涨，除了原有综合性博物馆有茶文化展示外，杭州中国茶叶博物馆、四川茶叶博物馆、漳州天福茶博物院、上海四海茶具馆、中国香港茶具馆等也先后建成。

二 / 茶与文学

（一）茶文学

在先秦时期，茶文学开始兴起；两晋时期，茶文学的作品开始逐渐壮大起来；唐朝时期，茶文学逐渐繁荣并达到鼎盛；宋朝时期，茶文学的发展较为繁荣，达到又一个高峰期；明清时期，茶文学的发展开始出现衰败现象。通过研究我国茶文学，有助于推进对我国古代文化的探究进程。

1. 先秦两晋

早在先秦时期，我国就出现了茶文化。虽然在早期，茶文化中的“茶”并没有一个明确清晰的定义，但是茶文化所代表的含义却是十分明确的，在当时可以说是人尽皆知。在当时也出现了一些关于茶文化的作品，而茶文化的兴起和发展。则是在茶文化的作品大范围出现之后。

从古代记载的资料以及文献中可以看出，第一次出现“茶”字的文字作品，是我国第一部诗歌总集《诗经》。如在《诗经・谷风》中写道：“谁谓荼苦，其甘如荠。”这里所描写的“荼”便是现实中的茶。再如《诗经大雅・绵》中写道：“周原膴膴，堇荼如饴。”这句运用简洁的语言描写采茶、饮茶的过程。虽然只是简单地描述，却开创了古代茶文学发展的先河。

在《诗经》之后，“茶”的文化精神与“茶”的表现感情逐渐反映在《楚辞》中。在屈原的《橘颂》中，茶就代表一种情感。茶文学的发展仅展示了“茶”的基础，“茶”的含义却逐渐渗透到文学作品中，成为古代文人写作文学作品的素材。随着茶文学的出现，通过采茶试饮的过程，也有一部分人逐渐发现了茶的药用价值。

三国前就有人提到了“茶”的药用价值，但关于茶的药用价值的文学记录却不多见，内容也相对分散。随着汉晋时期医疗技术的发展，人们对于茶的研究不断深入，一些人开始研究茶的药用价值，如在当时的许多医疗经典中，就有很多介绍茶药用价值的内容。

茶文学最初或形成于秦汉时期。到了晋朝，茶文化的质和量都有很大的提升，“茶”不再是单纯的茶叶，而是越来越文学化。例如，杜育的《荈赋》中的“弥谷被岗”，具体说明了种茶的场景，“是采是求”则描写了采茶的场景，“沫沉华浮”则生动形象地展现了茶水的一种状态，这篇文章用简单优雅的语言诠释了采茶和泡茶时的生活场景。

2. 唐宋时期

在唐宋时期，茶文化达到了一个鼎盛时期。唐朝是古代诗歌产量最多的朝代，唐朝对于诗人来说，是一个极好的时代。对于诗人，茶不仅仅是一种饮品，还是可以用来调节身心、修身养性的一种良药。茶也从某种情感表达上升到了精神层次，达到了一种艺术高度。唐朝诗人在饮茶的时候，都会借助诗歌来表达自己的情感，歌咏茶的品性。

唐朝描写茶的作品有很多，可谓是我国茶文学发展史上产出最大的一个时期。陆羽的《茶经》是价值极高的一部关于茶文学的作品，也是最早的一部关于茶的文学著作，可以说是一部关于茶文化的百科全书。

唐朝的茶文化在内容和体式上都与先前有着很大的不同。在唐朝，出现了“一七体”诗，这一类诗歌，是将诗歌的形和意相互融合，相互促进，通过两者之间的配合，达到“一加一大于二”的程度。

宋朝时期，是古代词高产的一个时期，茶作为一种文化代表符号，自然也是词人们笔下最常出现的对象。宋朝关于茶的诗词中，多为诗人对人生感悟与个人思想情感的表达。宋朝的苏东坡对于茶的描写可以说是数不胜数，茶文化在苏东坡的生命中占据着重要的位置。在苏东坡同黄庭坚的和诗中，就有通过对茶的描写来表现两人间的深厚友谊，通过描写茶来表现个人的人生体会的内容。可以说，这样的词在宋朝大为常见，也是当时茶文学的主要特征，宋朝茶词也在一定程度上推动了茶文学的发展。同时，宋朝对于茶文化的描写还可见于散文中，仅是咏茶的散文就有三百篇之多。茶散文有着独特的文学内涵，对于茶的描写既有宋朝的写作特征，又有每个词人的特殊表达。总而言之，茶文学的发展和开拓可以从宋朝文人对于茶文化描写的不同方式中看出来。这说明唐宋时期是我国古代茶文学的鼎盛时期。

3. 元明清时期

在唐宋的鼎盛时期之后，古代的茶文学便开始走向了下坡路。元朝由蒙古人掌政，而蒙古人多重武轻文，这就直接导致了当时文人的社会地位较低，饮茶这件事也变得不再附庸风雅，而是极为世俗。如此一来，当时的文人墨客再想要通过茶文化来表达自己的情感和人生感悟，就变得不那么轻松了。

明朝严格限制茶叶交易，采取了“以茶制边”的政策。明朝时，茶文化虽然还在发展，但在量和质方面都远远落后于唐宋时期。随着制茶技术的提高，茶的饮用器具受到关注，也出现了许多关于茶的著作。但在当时，很多诗都表现了当时人们生活的痛苦，也有不少诗人因用诗讽刺朝廷而被朝廷镇压与迫害，例如，高启的《采茶词》，描写了茶农把茶交给朝廷，把剩下的茶卖给商人，以此来换取生活日常开支，却连自己亲手种的茶都没有办法品尝到的经历。

自清朝开始，人们对于茶文化的态度有所转变。在对茶的制作和饮用上，剔除了一些烦琐复杂的程序，但是早前一些关于饮茶的风尚却逐渐消失，更多的人只是利用喝茶来打发时间，茶文化也从对人生和情感的描写逐渐转变为浮于表面的描写，因而走向衰败。

在清朝，茶文化逐渐走向衰败。虽然乾隆皇帝在当时喜欢举办一些茶会等，但由于茶会的性质限制，就导致茶会上的茶诗多是对于朝廷功德的歌颂和吹嘘，并无早期鼎盛时期茶文化的内涵，缺少了一些文学意义。而清朝早期，茶文化也得益于皇帝的重视，得以发展了一些时间，但在历史的不断摧残之下，最终还是逐渐走向没落。但这些具有代表性质的茶文学作品在不同程度上丰富了茶的层次，给茶文化添加了丰富的色彩，为我国的茶文化塑造了一个更加立体的形象。

（二）茶诗词

我国既是茶的故乡，又是诗词的国度。千百年来，祖先为后代留下的茶诗、茶词有数千首。早在我国第一部诗集《诗经》中就有七首诗中提到茶。孔子说“学诗可以多识草木之名”，茶在《诗经》里作为植物名称出现。但真正就茶咏茶，而不是顺带言及茶的诗词，则起始于两晋时期，全盛于唐朝，于宋朝达到顶峰，且历代都有茶诗、茶词佳作，加之金元明清以及近代，总数在 2000 首以上。

1. 晋及南北朝茶诗

晋及南北朝时期的茶诗，晋朝左思的《娇女诗》是我国第一首真正意义上的茶诗。左思在《娇女诗》中所吟：“心为茶荈剧，吹嘘对鼎。脂腻漫白袖，烟熏染阿锡。”这首诗表达了茶饮对两位娇女的强烈诱惑，因急于要品香茗用嘴对着烧水的鼎吹气，详细记述有关茶器、煮茶习俗。该诗也是陆羽《茶经》节录的中国古代第一首茶诗。

在晋及南北朝时期，还有数首著名茶诗，其中一首是张载的《登成都楼》，诗中“芳茶冠六清，溢味播九区”旨在盛赞成都的茶；孙楚的《孙楚歌》一诗中点明了茶的原产地。此外，在西晋末年和东晋初，还有一首重要的茶赋— —杜育的《赋》。

《荈赋》载：“灵山惟岳，奇产所钟，厥生荈草，弥谷被岗。承丰壤之滋润，受甘霖之霄降。月惟初秋，农功少休，结偶同旅，是采是求。水则岷方之注，挹彼清流；器择陶简，出自东隅；酌之以匏，取式公刘。惟兹初成，沫成华浮，焕如积雪，晔若春敷。”

《荈赋》是现在能够见到最早专门歌吟茶事的诗词类作品。这篇茶赋以及上述四首茶诗，是我国早期茶文化和诗文化结合的例证，也具体描绘了晋朝时我国茶业发展的史实。汉朝“古诗”中不见茶的记载，说明汉时除巴蜀以外，特别是中原，饮茶还不甚普及。

三国孙皓时“以茶代酒”的故事流传较广，这一故事说明此时茶叶不仅在蜀，在孙吴境内也有一定发展，但关于曹魏饮茶的例子，则未见记载。至西晋时，有诗句所示："芳茶冠六清，溢味播九区。""姜桂茶芽出巴蜀"。那时我国茶业中心虽然还在巴蜀，但犹如左思《娇女诗》中所吟："心为茶荈剧，吹嘘对鼎钫。"由于西晋短暂统一，茶的饮用也传到中原，南方茶业如《荈赋》所反映，有些山区茶园进一步出现"弥谷被岗"盛况。但可惜的是这种统一发展的势头被南北朝的分裂和北方少数民族的混战所打破。所以，严格来说，我国诗与茶的全面有机结合，是在唐朝尤其是唐朝中期以后才显露出来。

2. 唐朝茶诗

进入唐朝，尤其在中唐以后，饮茶习俗迅速遍及全国。文人嗜茶，茶成为诗人生活中不可或缺的物品，也因此而涌现出大批以茶为题材的诗篇。据不完全统计，唐朝约有茶诗 500 首，仅大文豪白居易一人，就写过 50 多首茶诗。文人于茶，即能满足口腹之欲，又能得其精神享受，茶的精神价值取向在茶诗中得以淋漓尽致的表现。李白的《答族侄僧中孚赠玉泉仙人掌茶》："茗生此中石，玉泉流不歇。"杜甫的《重过何氏五首之三》："落阳平台上，春风啜茗时。"白居易的《夜闻贾常州、崔湖州茶山境会亭欢宴》："遥闻境会茶山夜，珠翠歌钟俱绕身。"尤其是卢仝的《走笔谢孟谏议寄新茶》："一碗喉吻润，二碗破孤闷。三碗搜枯肠，唯有文字五千卷。四碗发轻汗，平生不平事，尽向毛孔散。五碗肌骨清，六碗通仙灵。七碗吃不得也，唯觉两腋习习清风生。"这些诗极力赞美了茶的功效，可谓千古佳作。此外，杜牧的《题茶山》和李郢的《茶山贡焙歌》则从不同的角度以茶入诗，前者详细描述作者奉诏到茶山监制贡茶时所见到的茶山自然风光；抢制贡茶时，河里船多，岸上旗多，山中人多；经过茶人辛勤劳动，制成贡茶紫笋茶，派出快马，急送京师等情景。后者在诗中表现出作者对采制贡茶的人寄予深切同情。《茶山贡焙歌》中"凌烟触露"四句表现采茶者的辛苦；"驿骑鞭声"四句描写送贡茶者的艰辛。作者表示，一旦当上宰相，他会采取适当的政策解除这里人民的贡茶之苦，使他们得到休息，而这只是他的美好的愿望。值得一提的是元稹的一至七字《茶》。

茶

香叶、嫩芽。

慕诗客、爱僧家。

碾雕白玉，罗织红纱。

铫煎黄蕊色，碗转曲尘花。

夜后邀陪明月、晨前命对朝霞。

洗尽古今人不倦、将至醉后岂堪夸。

该诗高度概括了茶叶的品质，人们的饮茶习惯、茶叶的功用以及人们对茶的喜爱。唐朝，特别是中唐以来，正如白居易诗句所言，“或饮茶一盏，或吟诗一章。”

而唐朝茶诗作为一种文化现象的大量出现，对茶叶文化和诗词文化本身发展又有着很大的推动作用。以茶对诗的影响来说，如唐人薛能所吟：“茶兴复诗心，一瓯还一吟；茶兴留诗客，瓜情想戍人。”刘禹锡在《酬乐天闲卧见寄》中吟：“诗情茶助爽，药力酒能宣。”司空图的诗句也称：“茶爽添诗句，天清莹道心。”此外，还有很多诗人都提到茶有益思作用，能激发诗人的诗兴和创作才华。

当然，茶业的发展对诗词创作艺术的特点、风格也有一定影响。如卢仝《走笔谢孟谏议寄新茶》中对“七碗茶”的描述，是茶诗中浪漫主义的代表作。此外，茶诗中现实主义的作品也很多，如李郢的《茶山贡焙歌》、袁高的《茶山诗》等，都是披露贡茶弊病之作。

以袁高的《茶山诗》为例。诗中“禹贡通远俗，所图在安人；后王失其本，职吏不敢陈：亦有奸佞者，因兹欲求伸；动生千金费，日使万姓贫。”在这首诗开篇中，诗人直言不讳地告诉皇帝，贡茶是靡费扰民之举。接着，袁高又以十分同情的笔触，诉说“一夫旦当役，尽室皆同臻；扪葛上敧壁，蓬头入荒榛；终朝不盈掬，手足皆鳞皴；悲嗟遍空山，草木为不春”的劳动艰辛情况。在诗的最后，袁高以问句的形式，提出“况减兵革困，重兹固疲民；未知供御余，谁合分此珍。”责问这种劳民伤财的贡茶，除皇帝外还配给谁喝？在末句，以“茫茫沧海间，丹愤何由申”的问句束笔。

茶诗中这些浪漫主义和现实主义的作品，与当时诗词和具体诗人的风格、特点分不开，但是茶作为一种受人瞩目的新物品，对文学中的浪漫主义和现实主义的传承具有一定影响。同样，茶诗作为茶叶文化的一种载体，对茶文化的流传和茶业发展也有着显著的推动作用。历史上，大多数茶诗的作者都是一些达官名士，他们对茶的嗜好、崇尚，在一定程度上产生了一种社会仿效作用，如唐朝宜兴、长兴的紫笋茶；宋朝建瓯的北苑茶，本来无名，经诗人和诗篇赞吟后，不只名闻遐迩，还被唐宋两代定为主要贡茶。

3. 宋朝茶诗、茶词

宋朝茶文化进入繁荣兴盛期，茶诗在唐朝基础上继续发展，并且增加了新的品种“茶词”。宋朝茶诗多于唐朝，有更多的诗人、文学家参与吟作茶诗和茶词。茶诗、茶词在诗人诗词作品中占有很大比例。据不完全统计，宋朝茶诗、茶词多达1000余首，其中陆游写下300多首茶叶诗词，并以陆羽自比；苏东坡有70余篇，人们把他比作卢仝，他也以卢仝自诩；梅尧臣的《宛陵先生集》中有茶诗词25首，其他如蔡襄、曾巩、王安石、黄庭坚等人，都留下了许多脍炙人口的茶叶诗词。

历史上将宋朝分为北宋和南宋。北宋时期，社会经济繁荣，斗茶之风和茶宴盛行，茶诗、茶词大多表现以茶会友，相互唱和，以及触景生情、抒怀寄兴，最有代表性的是范仲淹的《和章岷从事斗茶歌》。该诗脍炙人口，全诗以夸张手法描述当时斗茶情况，文词多处用典故，以衬托茶味之美。该诗首先写茶的采制过程，其次讲斗茶，包括斗味和斗香，因为在众目睽睽之下进行，故对茶的品第高低都有公正评价。诗的后半部写到参加斗茶的茶品质有神奇功效，可以醒千日之醉，比任何灵芝草药都好。蔡襄的《北苑十咏》是前所未有的组诗，该组诗依次综述北苑的山水和贡茶的采制品尝等情况，呈现出一幅琳琅满目的北苑制茶长卷。苏轼的《次韵曹辅壑源度焙新茶》中吟“从来佳茗似佳人”和他的另一首诗《饮湖上初晴后雨》中“欲把西湖比西子”构成一副极妙茶联，为后世文人所称道。

南宋时期时局混乱，人们普遍忧心忡忡，茶诗、茶词中以忧国忧民、伤事感怀内容较多，其中最有代表性的是陆游和杨万里所写的茶诗，如陆游的《晚秋杂兴十二首》中：“置酒何由办咄嗟，清言深愧淡生涯。聊将横浦红丝碾，自作蒙山紫笋茶。”它反映了作者晚年生活清贫，无钱置酒，只得以茶代酒，亲自碾茶

的情景。陆游的《效蜀人煎茶戏作长句》中："午枕初回梦蝶床，红丝小硙破旗枪。正须山石龙头鼎，一试风炉蟹眼汤。岩电已能开倦眼，春雷不许殷枯肠。饭囊酒瓮纷纷是，谁赏蒙山紫笋香？"这段是描绘作者碾茶、煎茶、饮茶、除倦等一系列过程，凭借茶事直抒胸臆，谴责南宋朝廷起用"饭囊酒瓮"之流，无能之辈，像"蒙山紫笋茶"品质一样的优异者却被弃置不用。杨万里的《以六一泉煮双井茶》中："日铸建溪当退舍，落霞秋水梦还乡。何时归上滕王阁，自看风炉自煮尝。"则抒发了诗人思念家乡，希望有一天在滕王阁亲自煎饮双井茶的心情。

宋朝名茶诗篇中，咏得最多的为龙凤团茶，如王禹偁的《龙凤团茶》、蔡襄的《北苑茶》、欧阳修的《送龙茶与许道人》等；其次是双井茶，如欧阳修的《双井茶》、黄庭坚的《以双井茶送子瞻》、苏轼的《鲁直以诗馈双井茶，次其韵为谢》等；日铸茶，如苏辙的《宋城宰韩夕惠日铸茶》、曾幾的《述侄饷日铸茶》等，其他如蒙顶茶有（文同的《谢人寄蒙顶茶》）、修仁茶（孙觌的《饮修仁茶》）、鸠坑茶（范仲淹的《鸠坑茶》）、七宝茶（梅尧臣的《七宝茶》）、月兔茶（苏轼的《月兔茶》）、宝云茶（王令的《谢张和仲惠宝云茶》）、卧龙山茶（赵抹的《次谢许少卿寄卧龙山茶》）、鸦山茶（梅尧臣的《答宣城张主簿遗鸦山茶次其韵》）、扬州贡茶（欧阳修的《和原父扬州六题时会堂二首》）等。

宋朝诗人常常在茶诗中提到陆羽，是对陆羽表示景仰之意，尤其是陆游更为倾心，著有诗句"桑苧家风君勿笑，它年犹得作茶神""遥遥桑苧家风在，重补茶经又一篇""汗青未绝茶经笔""茶葬可作经"等，可知陆游也曾写过茶经。

对苏东坡的《汲江煎茶》，杨万里赞叹不已，他评价该诗："一篇之中，句句皆奇；一句之中，字字皆奇，古今作者皆难之。"范仲淹的《斗茶歌》脍炙人口，其诗题全称是《和章岷从事斗茶歌》，"年年春自东南来，建溪先暖水微开。溪边奇茗冠天下，武夷仙人从古栽。新雷昨夜发何处，家家嬉笑穿云去。露芽错落一番荣，缀玉含珠散嘉树。终朝采掇未盈襜，唯求精粹不敢贪。研膏焙乳有雅制，方中圭兮圆中蟾。北苑将期献天子，林下雄豪先斗美。鼎磨云外首山铜，瓶携江上中泠水。黄金碾畔绿尘飞，碧玉瓯中翠涛起。斗茶味兮轻醍醐，斗茶香兮薄兰芷。其间品第胡能欺，十目视而十手指。胜若登仙不可攀，输同降将无穷耻。吁嗟天产石上英，论功不愧阶前蓂。众人之浊我可清，千日之醉我可醒。屈原试与招魂魄，刘伶却得闻雷霆。卢仝敢不歌，陆羽须作经。森然万象中，焉知无茶星。商山丈人休茹芝，首阳先生休采薇，长安酒价减百万，成都药市无光辉。不

如仙山一啜好，泠然便欲乘风飞。君莫羡花间女郎只斗草，赢得珠玑满斗归。”对这首《斗茶歌》，历史上已有人给过很高评价，如《诗林广记》引《艺苑雌黄》说：“玉川子有《谢孟谏议惠茶歌》，范希文亦有《斗茶歌》，此两篇皆佳作也，殆未可以优劣论。”

斗茶又称茗战，即评比茶叶品质优劣，盛行于北宋，宋唐庚有《斗茶记》。王安石的《寄茶与平甫》诗，则反映了唐宋人的饮茶习惯。“碧月团团堕九天，封题寄与洛中仙。石楼试水宜频啜，金谷看花莫漫煎。”王安石对弟弟平甫（王安国）说，在“金谷园”看花的时候，不要煎饮茶，因为“对花啜茶”是“煞风景”（即令人败兴之事）。在唐朝李商隐的《义山杂纂》中曾提到，有16种情况都属于煞风景，如“看花泪下”“煮鹤焚琴”“松下喝道”等，“对花啜茶”也为一种。

4. 元朝和明朝茶诗、茶词

元朝虽然历时较短，但史料上所记载的茶诗、茶词作品共有300多篇，明朝有500多篇，其中以文徵明创作的茶诗、茶词数量最多，有150多首。

元朝茶诗多为反映饮茶意境和感受，较为著名的有耶律楚材的《西域从王君玉乞茶因其韵七首》、刘秉忠的《尝云芝茶》、赵孟頫的《留题惠山》、虞集的《题蘗端明苏东坡墨迹后》、洪希文的《煮土茶歌》、倪瓒的《题龙门茶屋图》、谢应芳的《阳羡茶》、谢宗可的《茶筅》等。

明朝茶诗中，比较著名的有高启的《采茶词》、吴宽的《爱茶歌》、唐寅的《事茗图》、文徵明的《茶具十咏》和《煎茶》、徐祯卿的《秋夜试茶》、王世贞的《试虎丘茶》、陈继儒的《试茶》、于若瀛的《龙井茶歌》、黄宗羲的《余姚瀑布茶》和阮锡的《安溪茶歌》，等等。明朝茶诗有一个显著特点：不少茶诗以茶为题材，反映茶民疾苦、讥讽时政，如高启的《采茶词》：“雷过溪山碧云暖，幽丛半吐枪旗短。银钗女儿相应歌，筐中采得谁最多？归来清香犹在手，高品先将呈太守。竹炉新焙未得尝，笼盛贩与湖南商。山家不解种禾黍，衣食年年在春雨。”诗中描写茶农把茶叶供官，其余只能卖给商人，自己却舍不得尝的痛苦，表达诗人对人民不幸生活极大的同情与关怀。

5. 清朝茶诗、茶词

清朝以厉鹗所写的茶诗最丰富，有80多首，比较著名的茶诗有周亮工的

《闽茶曲》、王世祯的《愚山侍讲送敬亭茶》、孔尚任的《试新茶同人分赋》、宫鸿历的《新茶行》、汪士慎的《幼孚斋中试泾县茶》和《武夷三味》、厉鹗的《圣因寺大恒禅师以龙井茶易予 < 宋诗纪事 > 真方外高致也作长句邀恒公及诸友继声焉》和《题汪近人煎茶图》、郑燮的《家兖州太守赠茶》、爱新觉罗·弘历的《观采茶作歌》、曹雪芹的《四时即事》、袁枚的《试茶》和《雨前茶叶二首之二》、高鹗的《茶》、张日熙的《采茶歌》、陈章的《采茶歌》、陆廷灿的《咏武夷茶》、金田的《鹿苑茶》等。

宝香山人有一首以茶祭亡友的诗——《大明寺泉烹武夷茶浇诗人雪帆墓同左臣右诚、西涛伯蓝赋》："茶试武夷代酒倾，知君病渴死芜城。不将白骨埋禅智，为荐清泉傍大明。寒食过来春可恨，桃花落去路初晴。松声蟹眼消间事，今日能申地下情。"宝香山人，为卓尔堪之号，他系汉军人，工诗，著有《近青堂集》。雪帆：宋晋之号，道光进士。以茶祭亡友的诗实属少见。整首诗犹如一篇祭文，充满悼念之情。

6. 现代茶诗、茶词

清朝后期，我国茶叶生产逐步走向衰落。新中国成立后，我国茶叶生产得以飞速发展，人们创作茶诗、茶词的兴趣与日俱增，尤其是 20 世纪 80 年代以来，茶文化活动兴起，茶叶诗词的创作呈现一派繁荣景象，著名作品有朱德的《看西湖茶区》和《庐山云雾茶》、董必武的《游龟山》、陈毅的《梅家坞即兴》、郭沫若的《初饮高桥银峰》、赵朴初的《咏天华谷尖茶》和《汉俳五首》、唐弢的《访西湖梅家坞》、王泽农的《茶圣陆羽》、苏步青的《试新茶得人字》、连横的《咏茶》、戴盟的《湖上龙井茶宴》等，而茶叶界人士胡浩川、庄晚芳、王泽农等也都写过茶叶诗词，他们均以清新的笔触，把我国传统茶叶诗词推到一个新的阶段。

（三）茶联

茶香隽永，对联典雅。茶和对联相结合产生的茶联文化，别有韵味和魅力。

因茶赋联，联中寓茶，品茶赏联，更是中国人独特的人生意境。品味茶联就是品味文化。清朝书画家、文学家郑板桥一生写过很多茶联，如汲来江水烹新茗，买尽青山当画屏。扫来竹叶烹茶叶，劈碎松根煮菜根。墨兰数枝宣德纸，苦茗一杯成化窑。雷文古泉八九个，日铸新茶三两瓯等。

有的茶联蕴含丰富的诗韵情趣，如杭州旧时有家“藕香居”茶室，门上悬一茶联“欲把西湖比西子；从来佳茗似佳人”，这是苏东坡两首名诗的集句联。诗人形象地把西湖比为西施，将佳茗喻为佳人，堪称绝唱。将这两句用于西湖茶室作联，则更妙趣横生。茶情、诗意、美景、佳人相映互衬，令人神往。无锡惠山有一联：“独携天上小团月；来试人间第二泉。”作者把“小团月”茶与“第二泉”水巧妙入联，语义双关，天上人间，月光水色，名茶名泉，诗意烂漫。再如重庆嘉陵江茶楼的一副茶联：“楼外是五百里嘉陵，非道子一笔画不出；胸中有几千年历史，凭卢仝七碗茶引来。”联语中的“道子”，即唐朝大画家吴道子，时称“画圣”，曾奉命绘嘉陵江山水图，一日而毕。卢仝在一首咏茶诗中描述连喝七碗茶的不同感受，被誉为“七碗茶诗”。此联有情有景，有诗有画，有史有典。豪阔的山川、悠久的历史、风流的人物，联语用茶香把人的思绪引向悠远。这些茶联不仅给人古朴高雅之美，也让人在品味中受到中国传统文化的陶冶，诸如：“诗写梅花月，茶煎谷前雨”；“汲来江水烹新茶，买尽青山当画屏”；“花笺名碗香千载，云影波光活一楼”；“茶鼎夜烹千古雪，花影晨动九天风”；“竹荫遮几琴易韵，茶联透窗魂生香”；“泉香好解相如渴，火候闲评东坡诗”；“看《水浒》想喝大碗酒，读《红楼》举杯思品茶”；“老舍先生钟《茶馆》，柳泉居士爱《聊斋》”等，是清风、明月、竹影、琴声和诗魂，充满了古典文化情韵。

茶联也是一种大众文化。遍布各地的茶馆、茶楼、茶室、茶座、茶亭所悬挂的茶联中，更多的是反映社会大众千姿百态的生活情调、生活乐趣和生活哲理。如“品人生百味一杯茶，造世间万象平常心”；“扫来竹叶烹茶叶，劈碎松根煮菜根”；“菜在街面摊卖，茶于壶中吐香”。表现普通百姓散淡、平和、质朴的人生境界。“为人忙、为己忙，忙中偷闲，吃杯茶去；谋食苦、谋衣苦，苦中作乐，拿壶酒来”。此联生动描绘出劳碌奔忙的人们用茶酒调适心灵，松弛神经，乐观谐趣的人生图景。有人又将此联改成：“为国忙、为民忙，忙中有闲饮杯茶去；劳心苦，劳力苦，劳逸结合拿壶酒来。”和原联相比，一个生动，一个理性，各有千秋，都是佳联。

改革开放以来，反映人民群众欢欣鼓舞的茶联有“座上清茶依旧，国家景象常新”；“茶余喜谈致富事，酒后倍增创业心”；“烹茶煮酒话桑麻，泼墨挥毫歌德政”。表现茶农喜悦生活的茶联有“采摘新茶，忙煞千家万户；改良品种，行销五湖四海”，“春满山中，采得新芽香万众；茶销海外，赢来蜚声耀中华”，“千载奇逢，无如好书良友；一生清福，只在碗茗炉烟”等。人们还从饮茶中发现很多人生哲理和处世之道。广州市有名的“陶陶居茶楼”，悬挂着一副嵌名联“陶潜喜饮，易牙喜烹，饮烹有度；陶侃惜分，夏禹惜寸，分寸无遗”。此联运用四个典故，晓谕世人饮食有度，珍惜光阴，既是茶联又是含蓄的劝世联。再如“饮茶有益，醒脑提神；吸烟有害，花钱买病”，“若能杯水如名淡；应信春茶比酒浓”，“淡饭粗茶有真味；明窗几净是安居”等，发人深省，启人哲思。还有一些语雅意静的茶联，颇具禅味，如“四大皆空，坐片刻不分你我；两头是道，吃一盏莫问东西”；“从来名士能评水，自古高僧爱斗茶”；“客至莫嫌茶味淡，僧居只有菜根香”；“野鸟啼风，絮语劝君姑且息；山花媚日，点头笑容不须忙”等。

这些茶联有的写出了出家人与世无争、淡泊闲和、清心养性；有的犹如佛家偈语、道家玄机、儒家真言。因为茶叶淡雅的特性，与佛、道的“清静无为”、儒家的“清心寡欲”的精神相契合，即“禅茶一味”。在品茶中修行，在修行中喝茶，所以有一些茶人也是僧人。他们在沏茶、饮茶中调身静心，在念经打坐中用茶提神醒悟大道；在茶性先苦后甘中参破“苦谛”，写下许多美与禅的茶联，极大地丰富了茶联文化内容。

“柴米油盐酱醋茶”“琴棋书画诗曲茶”，人们常提及的这两句话里都有一个“茶”，说明人们的物质生活和精神生活中都缺不了“茶”。以茶为载体的茶联源远流长。自古以来，无论是文人雅士，还是平民百姓；无论是红尘中人，还是空门中的人，都会从喝茶赏联中获得自己的人生乐趣，从品味茶联中得到熏陶。一副好的茶联，会增加品茗的兴味和乐趣，会有心灵的收获和精神的升华，会使生活多了些许诗意和博雅。

（四）茶谚语

谚语是我国民众智慧和经验的总结，是一笔珍贵的民族语言财富。我国茶文化历史悠久，茶谚语是茶文化的重要载体，也是茶文化的一种体现。从茶谚中可以看到很多有关茶的生产、种植、采集、制作经验，说明文化发掘对生产、经济的直接促进作用。我国茶谚最早出现于何时很难确切考证。陆羽在《茶经》中记载："茶之否臧，存于口诀"，是对茶的作用及好坏判断在百姓的口诀中就有了。所谓"口诀"，也就是谣谚。晋人孙楚在《出歌》云："姜、桂、茶出巴蜀，椒、橘木兰出高山。"是关于茶的产地谚语，从目前来看，这是我国最早见于记载的茶谚。既然茶谚出于茶的生产者，那么劳动生产的茶谚应该早于饮茶的茶谚，但由于谚语多不见于经传，而是在民间通过人们交口传授流传下来的，所以无从在书本上见到。饮茶活动由于文人提倡、陆羽总结，所以到唐朝便正式出现了记载饮茶茶谚的著作，如唐人苏廙《十六汤品》中载："谚曰：茶瓶用瓦，如乘折脚骏登山。"这句话的意思是，用瓦器盛茶，好像骑着头跛腿马登山一样，很难达到理想的效果，比喻十分形象，而且明确指出是民间谚语。

到了宋元以后，关于吃茶的谚语便十分常见。元曲中，许多剧作都有"早晨开门七件事：柴米油盐酱醋茶"，是讲茶在人们日常生活中的重要性。这时，茶早已被运用于各种礼节，特别是我国南方民间婚礼上，茶已是必备之物，结婚也叫"吃茶"。明朝郎瑛《七修汇稿》却从相反意义上记录一条谚语："长老种芝麻，未见得吃茶。"意思是和尚怎么能种芝麻？种下也开不了花，结不好籽，只有夫妻一起种才好。芝麻是多子的象征，吃茶是婚姻成功的含义，这条谚语是以谚证谚，用吃茶说明夫妻同种芝麻效果好。有些地方并非以此直指种芝麻，而是说明夫妻合作才能成功的道理，或者想结姻亲，未必成功。

总的来说，茶谚中还是以生产谚语为多。早在明朝已有一条关于茶树管理的重要谚语，叫"七月锄金，八月锄银"或叫"七金八银"，意思是，给茶树锄草最好的时间是七月，其次是八月。关于夏末秋初为茶树除草的道理，早在宋人赵汝励《北苑别录》中已有记载，南方除草叫开畬（音"奢"），该书记载："茶园

恶草、每遇夏日最烈时，用众锄治，杀去草根，以粪茶根，名曰开畬。若私家开畬，即夏末初秋各一次，故私园最茂。”所以，这条谚语记载在明朝，而其可能在宋朝或者更早时期形成。因为是茶园管理的一项重要内容，所以一直保存下来，而且流传极广。

广西农谚说：“茶山年年铲，松枝年年砍”，“茶山不铲，收成定减”；浙江有谚语：“著山不要肥，一年三交钉”（即锄上三次草，不施肥也有肥）；又说“若要茶，伏里耙”，“七月挖金，八月挖银，九冬十月了人情”；湖北也有类似谚语：“秋冬茶园挖得深，胜于拿锄挖黄金。”农谚的地域性较强，不可笼统地说。采茶的谚语时令也十分讲究，浙江地区有“清明一杆枪（指茶芽形状），姑娘采茶忙”；湖南则有：“清明发芽，谷雨采茶”，或说“吃好茶，雨前嫩尖采谷芽”；湖北又有“谷雨前，嫌太早，后三天，刚刚好，再过三天变成草”的说法；杭州则有“夏前宝，夏后草”的说法。而各地在采茶时间上之所以有区别，一则是因各地气候条件不同，二则因不同品种采摘时机也不一样，所以谚语对有关部门了解各地茶的生产情形具有重大意义。

茶谚是由民间口传心授而来，但并不排除文人加工整理，如《武夷县志》（1868 年本）曾载阮文锡的“茶歌”，实际上是以歌谣形式出现的茶谚。阮氏后来到武夷山出家，僧名释超全，因久居武夷茶区，熟知茶农生活，其总结的农谚十分真切。其歌曰：“采制最喜天晴北风吹，忙得两的夜昼眠餐废，炒制鼎中笼上炉火湿，香气如梅斯馥兰斯馨。”

这首茶谣虽经阮文锡做了文字加工，但还是源自茶农的实际生活体验和生产实践经验的总结。

（五）茶小说

小说的兴起，为茶文化的发展又增添了新的篇章。自小说创作问世以来，以茶入小说不乏其例，且是现实生活的一种反映。之所以如此是因为茶作为极有价值的饮料，早已成为人们生活离不开的必需品。

1. 古代茶小说

茶入小说究竟从何本开始，尚无考证。晋宋时期的《搜神记》《神异记》《搜神后记》《异苑》等神怪小说集中有一些关于茶的故事。东晋干宝的《搜神记》中写到“夏侯恺死后饮茶”的故事；《博异志·郑洁》中写其妻死，以茶酒祭奠之事；陶潜所著《续搜神记》中有“秦精采茗毛人”的神异故事；陆羽《茶经》加以征引：“晋武帝时，宣城人秦精入武昌山采茗。”唐宋传奇中也写茶的作品；明清时代小说写作走向成熟，不论是文言小说，还是白话长篇小说中，都有许多茶事的描写，如罗贯中的《三国演义》、施耐庵的《水浒传》、吴承恩的《西游记》、兰陵笑笑生的《金瓶梅》、吴敬梓的《儒林外史》、蒲松龄的《聊斋志异》、刘鹗的《老残游记》、曹雪芹的《红楼梦》、李渔的《夺锦楼》和《闲情偶寄》等，诸多名著中都有对“茶事”的相关描写。此外，李绿园的《歧路灯》、文康的《儿女英雄传》、西周生的《醒世姻缘传》、李庆辰的《醉茶志怪》、李汝珍的《镜花缘》等小说中也大量写到“益以茶待客”“以茶祭祀”“以茶为聘”“以茶赠友”等茶风俗、茶文化的描写,《儿女英雄传》第十五回中就有一段文字描写“饮茶”；第三十七回安公子回家后到张老家，也有六段描写饮茶的文字。

在中国古典小说中,《红楼梦》中有关茶文化的描写堪称典范。在其他古典小说中写茶、饮茶，大多是点到为止，算不上是一种高雅的“茶道”，不能与《红楼梦》相类比。之所以这样说是因为曹雪芹在《红楼梦》中，是把饮茶及其习俗作为一种文化现象进行描写。他通过写茶的种类、煎茶用水、饮茶用具，以及茶祭祀和吃年茶、茶泡饭、以茶敬客等，来展现我国18世纪中叶封建贵族之家的风习和茶文化的深远影响。此外，从文学创作角度分析,《红楼梦》所写茶、饮茶活动，都是为他塑造人物、刻画人物性格、表达人物内心世界和对人生认知而服务。通过真实描写，达到烘托故事气氛、丰富小说情节的目的。

2. 现当代茶小说

现当代文学以茶为题材的小说更为丰富，短篇、中篇和长篇茶小说琳琅满目，其中主要作品有：李劼人的《死水微澜》、沙汀的《在其香居茶馆里》、陈学昭的《春茶》、廖琪的《茶仙》和王旭烽的“茶人三部曲”《南方有嘉木》《不夜之侯》《筑草为城》。著名短篇小说《在其香居馆里》是现代著名四川作家沙汀在抗战时期所发表的作品，反映四川茶馆里的风俗、茶俗，讲茶是指人们发生了纠

纷，往往在茶馆里吃茶讲理；茶客："拿碗茶来，茶钱我给了。"堂倌提着茶壶穿堂走过，兴高采烈地叫道："让开点，看把肥脑袋烫肿！"

著名女作家陈学昭的《春茶》，是她于1952年至1964年在浙江杭州龙井茶区长期参加茶劳动和与茶农交往的结晶。作者于1952年到杭州龙井茶区，整日跑各组，跟姑娘们上山采茶或拣茶叶，同茶家的感情日益加深，于第二年初夏在北京文学讲习所列出小说《春茶》提纲，再回杭州梅家坞补充生活，和农民一起生活和劳动，起办合作社，于1956年完成长篇小说《春茶》上集的写作。几年后，她仍然怀恋杭州茶区，在1963—1964年参加杭州满觉陇农村社会主义教育运动，并完成《春茶》下集的写作。作者在《春茶》后记中写道："我只不过想用朴素的笔写下一点在这时代中我见着的和感觉着的东西。"没有那几年扎扎实实的生活，便没有《春茶》。

现代茶人王旭烽的"茶人三部曲"《南方有嘉木》《不夜之侯》《筑草为城》是20世纪后期茶小说中的长篇巨制。《南方有嘉木》获1995年度中宣部"五个一"工程奖，《茶人三部曲》前两部《南方有嘉木》《不夜之侯》获第五届茅盾文学奖。《南方有嘉木》是中国第一部反映茶文化的长篇小说。故事发生在绿茶之都的杭州，忘忧茶庄的传人杭九斋是清末江南的一位茶商，风流儒雅，却不好理财，最终死在烟花女子的烟榻上。通过杭氏家族的兴衰成败，将杭城史影、茶叶兴衰、茶人情致，相互映带，融于一炉。通过杭氏四代人跌宕起伏的命运，展现了在忧患深重的人生道路上挣扎前行的杭州茶人的气质和风采，寄寓了中华民族求生存、求发展的坚毅精神和酷爱自由、向往光明的理想倾向。

"茶人三部曲"之二的《不夜之侯》，讲的是20世纪30年代末，中华民族生死存亡之际，杭氏家族及与他们有关的各色人等在战争中经历各自人生，其中沈绿爱、杭嘉草等杭家女性惨死在日寇的铁蹄之下；寄草、杭忆、杭汉、忘忧作为新一代杭家儿女投入伟大的抗日战争中，有的在战争中牺牲，有的为了胜利后的明天坚持中华茶业的建设。杭嘉禾作为茶叶世家传人，在漫长的抗战时期承受了难以想象的劫难，呈现出中华茶人不朽的风骨。小说着力刻画了反侵略战争背景下的文化形态，展示中华茶文化作为中华民族精神的组成部分，在特定历史背景下的深厚力量。

"茶人三部曲"之三的《筑草为城》，故事从20世纪五十年代写到世纪末，描写了杭家第四代、第五代传人在特殊的历史年代登上人生舞台，对中华茶人的

优秀品格的坚守。杭汉、罗力等茶业工作者从未停止对事业的追求，终于迎来一个昌盛的科学时代。

（六）茶书

1. 古代茶业文献

茶业在我国由来已久，不但为整个茶业技术的发展提供了契机，而且在长期的发展历程中也为世界创造了充足的文献资料。在这些文献中，有些古书是专门讲解茶叶的，也有些古书记录了与茶事相关的内容，有些则讲述了茶叶的历史、制作方法和相关的生产技术，如茶圣陆羽所作的《茶经》就记载了很多关于茶叶历史、制作等方面的内容。自《茶经》之后，讲述茶业的著作日益丰富，至今已累积约两百部。而仅在唐朝后至清朝末年之间，就诞生了超过一百部的相关著作，其中有些著作内容涵盖了茶业的多个方面，包括茶树的种植、茶叶的采摘炒制、制作工具以及茶叶的品鉴等，这类属于综合类的范畴，除了上面提到的《茶经》，还有茶谱以及《大观茶论》等；有些著作则专门就茶业的某一方面或者几个方面进行论述，比如《煎茶水记》的主要内容就是烹茶的用水，《茶具图赞》则主要围绕炒制茶叶和饮用茶叶的器皿进行论述；还有一些著作算作地方性茶书，专注于某一类茶叶的历史、制作和特色，或者专注于与茶业相关的一个特定区域进行论述，比如《东溪试茶录》的主题就是讲福建地区的建安茶叶，《罗芥茶记》和《茶笺》则主要围绕芥茶这一品种展开。但是有些茶业的书籍未能完整地保存下来。据记载，唐朝应有七部关于茶的著作，但是现在只留存了两部，除了上面所说的《茶经》，还有一部《煎茶水记》。以下按照时间顺序对主要的著作进行简要地介绍。

《茶经》的作者为唐朝的陆羽，撰书时间约为公元758年，该书分为上、中、下三卷，包括十节内容。其中上卷分为三节，第一节的主线为茶的起源、茶的名称以及茶的品质，主要对茶树的特点和土壤对茶叶品质的影响进行了描述，明确了适合茶树生长的土壤、方位以及地形；明确了各种品种的茶叶是否与其鲜叶的

品质有关，并讲述了茶树的培植方法、饮茶对身体的益处，同时还特别提及了生长于湖北巴东地区、四川东南部的大型茶树。第二节的主线则是介绍采摘、炒制茶叶的19种工具，具体包括用于炒制饼茶的工具名称、具体规格以及使用方法。第三节主要对茶叶的品种和采摘、炒制茶叶的方法进行了介绍，明确了采茶的重要地位并对采茶提出了具体的要求，强调适时采茶，将炒制饼茶的工序分为蒸、捣、压、焙、穿和封六道，同时也根据外形、色泽将饼茶划分成八个层次。中卷只有一节内容，主要描述了煮茶和饮茶所用的器具，从名称、外观、材料、规格、用途等方面对28种器具进行了介绍，同时提及了茶具与茶汤品质之间的关系，以及各地区特色的茶具和使用方法。下卷分为六节，第五节的主要内容是研究煮茶的各种方法并论述了各地区水质的差别和优劣之分，围绕如何制作茶汤这一主线，具体研究了烤制茶叶的方法、烤茶和煮茶所需的燃料、泡茶或者煮茶要求的火候、制作茶汤所用方法以及各因素对茶汤的影响，明确了茶汤的精髓在于其泡沫雪白并且浓厚。第六节则讲述了饮茶的有关风俗事宜，对饮茶的起源、后续传播、有关习俗以及饮茶的方法进行了记述。第七节描写了与茶相关的故事、茶的产地以及茶的药效，同时也记录了唐朝之前的与茶有关的传说、诗词、文章和药方等。第八节对各地区茶的品质进行了评价，不仅将唐朝期间的茶叶产地划分为八大茶区，还将茶叶分为上层、中层、下层、又下层四种等级。第九节的主题是“略”，指出了在制茶和饮茶中可以省掉的器具、省略的环节以及符合哪种条件可以省略。在这节中，作者以深山采茶为例，采茶之后就可以制作，可以省略7种器具。第十节则主张将《茶经》记录在素绢之上。

《茶经》既是我国首部记叙唐朝及其之前的关于茶业的综合性著作，也是世界上的首部茶书。作者陆羽收集了唐朝前各朝代与茶叶有关的资料，并结合了自己的实地调查以及获得的经验，详细描述了唐朝及其之前各朝代茶叶的历史和产地，指出了茶叶的效用，记叙了茶树的培育方法、炒制方式、烹煮方法以及饮茶相关的知识，《茶经》被视作我国古代内容、体系最为完善的茶书，它为茶叶的制作提供了科学依据，在一定程度上促进了茶叶技术的发展。

除唐朝陆羽最早撰写《茶经》以外，明朝徐渭（公元1575年前后）、张谦德（公元1596年）和黄钦（公元1635年前后）三人也均撰有《茶经》。此外，宋朝周绛于1012年前后曾撰《补茶经》卷，明朝孙大缀于1588年辑《茶经水辨》和《茶经外集》两书，清朝陆廷灿于1734年曾撰《续茶经》3卷、附录1卷（见后），潘思齐撰有《续茶经》20卷。

《太平广记》原称为《水经》，担心与北魏郦道元所著的《水经注》相混，改成《煎茶水记》。全书约900字，前列刘伯刍所评宜茶水品7等，次列陆羽所评宜茶水20等。主要叙述茶汤品质与宜茶用水关系，着重于品水。作者认为山水、江水、河水、井水性质不同，会影响茶汤的色、香、味，为了验证自己的观点，曾亲乘舟汲水加以比较，认为浙江桐庐江严子滩水和永嘉仙岩瀑布水均比刘伯刍所评长江南零水（一等水）好，认为陆羽煮茶之水用山水者上等，用江水、井水者下等的说法不够考究。作者将各地的水重新品评为20等级，认为用产茶地的水烹茶最好，茶汤品质不完全受水的影响。此外，善烹、洁器也很重要。

《采茶录》是唐朝温庭筠撰于公元860年前后，约失传于北宋，仅存辨、嗜、易、苦、致五类六则，记事不足400字。辨：叙述陆羽辨别南零水。嗜：讲陆龟蒙嗜茶，写品茶诗一首。易：讲述刘禹锡与白乐天易茶醒酒。苦：叙述士大夫苦于王濛请喝茶。致：刘琨与弟群书要真茶。主要讲述煎茶要用活火（有焰之火），烹茶有三沸，始、中、终之沸，声音不同，知声能知茶沸。

《十六汤品》是唐朝苏廙撰，具体成书年代不详，约在900年前后。原文佚，引自《清异录》第四卷茗荈部，原书为《仙芽传》第九卷中的“作汤十六法”由后人专作一书另题。该书提出烹茶要掌握好时间，以水的沸腾程度为标准，可分为三种；根据倒茶的不同速度，也可以分为三种，倒茶缓慢并且断断续续则茶汤浓度不够均匀，倒茶直接且快速则会导致浓度不足，保持倒茶的速度适中则会有最好的茶汤。饮茶器具非常重要。根据盛放茶汤的器具，可以划分为五种，容器会对茶汤的品质产生影响，可以用金质或银质的器具，但不可以用铜具和铁具，也不能用铅质器具和锡质器具，最好是用瓷器。根据烹茶所用的燃料可将其分为五种，其中用净炭的效果最好，如果用的燃料产生了烟则会影响茶的味道。综上所述，茶汤可以分为十六种品质，并且每一种都有对应的美称，以第一品为例，被称为“第一汤”，另有第三品被称作“百寿汤”，第七品则被称作“富贵汤”。

《十方汤品》与《煎茶水记》在唐宋时流行。从全书文字看，似一篇游戏文字，但对茶方法、茶具、茶汤的审评仍有一定的参考价值。

《茶录》是宋朝蔡襄所著，于1051年撰成。蔡襄自序：因陆羽《茶经》没有记载福建建安之茶，丁谓《茶图》独论采制之事，至于茶的烹试未曾有闻，遂写《茶录》。《茶录》分上下两篇，全书不足800字。上篇论茶：谈及茶的色、香、

味，茶叶的贮藏方法，炙制、茶、筛茶方法，汤之增减及温茶盏的方法和点茶方法等10条论述茶汤品质和饮方法，认为茶色贵白，青白胜黄白：茶要真香，不能掺其他香草珍果，恐夺其真，候汤最难，未熟沫浮，过熟则茶沉。下篇论茶器：分茶熔（打台和槌）、茶铃（茶挟）、茶碾、茶罗、茶盏、茶匙、汤瓶等九条。论述烹茶所用之器具，为保持茶所特有的色、香、味，对焙茶和品茶用具十分讲究。

古茶书中用《茶录》名称的尚有4部，都是明朝著作。张源于1595年撰写；程用宾于1600年前后撰写；程用宾于1604年撰写；冯时可于1609年前后撰写。其中，程用宾撰写的《茶录》内容较详，共分四集，首集12则，模仿宋朝审安老人的《茶具图赞》；正集14则，分为原种、采候、选制、封置、酌泉、积水、器具、分用、煮汤、治壶、洁盏、投交、酬啜、品真等，约1500字；末集12则，拟茶具图说，有图11幅，附集载陆羽《六羡歌》、卢仝《茶歌》等7首。

《东溪试茶录》是由宋朝宋子安撰，1064年前后写成。作者因丁谓、蔡襄撰写的建安茶事尚有未尽，因此写成此书。全书约3000字，首为序论，次分总叙、焙名、茶病等8目。

东溪是一个地域的名字，隶属于福建建安。该书的内容可分为三大部分，第一部分主要讲述了东溪地区的茶园和茶史，具体介绍了北苑和沙溪等地茶园的具体位置、周边环境、主要特色和茶叶的品质。第二部分则选取了七种茶叶，从其产地、特点以及之间的差异入手，分别讲述了采摘茶叶和炒制茶叶的具体要求及其对茶叶品质的影响，明确了适宜采茶的时间和应当选用的采茶方法，同时指出具体的采茶时间应当因气候变化做出相应调整。第三部分则主要记叙了如果采茶或制茶的方法不恰当将会对茶叶造成何种影响，比如，若在采摘茶叶时不小心将鳞片或者鱼叶混合其中，那么最后制成的茶则会味道苦涩，外观呈黄黑色；若茶叶没有被蒸熟，茶叶还会有苦涩的味道，并且伴有青臭感。此外，该书还对不同茶树的特点以及分类标准进行了描述，详细讲解了各品种茶的形成历程，同时着重强调了栽培条件对于茶叶所产生的十分重要的影响，如果没有适宜的条件，再好的茶树品种生长效果也会不理想。

《品茶要录》是由宋朝的黄儒所作，成书时间约在北宋熙宁八年（1075年），字数在1900左右。该书主要讲述了采茶、制茶过程中存在的瑕疵对茶叶品质的不良影响，以及品鉴茶的方法，形成了所谓的“十说”。第一说指出，如果采茶或者制茶的时间过长，将会导致茶汤的颜色发暗且微红，而若时间控制得好，则其茶汤颜色呈鲜白。第二说指出，如果将鳞片或者鱼片混同茶叶炒制，则会导致茶的味道苦涩。第三说则讲述从茶叶中分辨其他叶片的方法。第四说至第九说，提出了时间对于采茶和制茶具有的重要影响，并且讲述了如果采用错误的方法制作饼茶可能造成的瑕疵。同时还介绍了鉴茶的方法。第十说主要围绕壑源和沙溪这两地的茶园开展，介绍了虽然这两地距离不远，但是茶叶的品质却大相径庭等，着重指出适宜的环境对茶叶品质的重要性。此外，该书还提出了上佳之茶应满足的条件，认为茶叶应当像麦一样且没有鳞片，最好是产于向阳的沙土之地。最为重要的是，该书详细描述了采茶、制茶是否得当对茶叶品质的重要影响，明确了鉴茶的主要标准，为如何品茶、鉴茶提供了理论依据。

《大观茶论》一书，是由宋徽宗赵佶于北宋大观元年（1107）所作。之所以被称为《大观茶论》是因为宋徽宗赵佶的年号是大观，并且该书诞生于大观初期。全书约 300 字，该书以陆羽的《茶经》作为切入点，结合宋朝的实际情况，详细讲述了如何培植茶树、如何采茶、如何蒸茶、如何榨茶以及如何品茶。第一章为绪论，提出当时正是太平盛世，十分崇尚饮茶，最受欢迎的当属龙团凤饼，品茶、烹茶都盛极一时，因此茶业发展十分迅速；其后主要内容包括二十章，重点强调了茶树生长环境的重要性，并以外焙茶为例，虽然制作精良且外观上和正熔北苑茶类似，但是风格却较正焙相差甚远，味重且无香，从而得出环境对茶叶的品质具有十分重要的影响这一结论；此外，就茶叶的采茶时间而言，则强调要根据气候及时调整，才能够保障茶叶的产量和质量，同时指出要注重制茶技术的提高。当然，该书也对鉴茶、烹茶以及器具等有关的知识进行了描述。

《宣和北苑贡茶录》是由宋朝的熊蕃撰写，成书于 1121 年 — 1125 年。宣和是宋徽宗年号，表明本书的著作时期。熊蕃之子熊克于 1158 年增补了一些内容。该书正文 1700 余字，旧注约 1000 字。清朝汪继濠按语有 2000 余字。北苑是福建省建安县东面凤凰山山麓一个宫廷专用茶园的园名。本书介绍北宋帝室御用茶园的历史、制茶概略、进贡经过等内容。宋朝于 976 年初在北苑制团茶，与民间茶相区别，龙凤茶就始于此。龙茶供给天子，余按皇亲国戚大臣等级分赐，后又创制白茶、龙园胜雪等，末附御苑采茶歌 10 首及图 38 幅。图上并附有贡茶的大小尺寸。可以考见，当时各种贡茶形制，对研究贡茶很有参考价值。

《北苑别录》是由宋朝赵汝砺撰于1186年，全书2800余字。清朝的汪继壕增注（1800年）2000余字。作者为补充熊蕃的《宣和北苑贡茶录》而创此书。前为绪论：概述北苑情况，分列12条，即御园、开焙、采茶、拣茶、蒸茶、榨茶、研茶、造茶、过黄（干燥过程）、纲次（每次运送贡茶的顺序名称）、开畬（茶园管理）、外焙（北苑附属的茶园），详细叙述46处御园的位置名称，然后介绍了茶叶采制的方法，采摘必须在太阳升起前至午前八时结束，可使茶汤鲜明。采回的芽叶要进行分拣后加工，制成饼茶用箬叶包裹放入绫罗制的小箱内运往宫中，至七月进行茶园培土管理等工作。本书对贡茶的种类、数量、采制、包装运输以及茶园管理等均作出详细而切要的介绍。

《茶具图赞》由宋朝的审安老人撰于1269年。此书记录宋朝12种茶具的大小、形状、尺寸等，并均有配图。对12种茶具分别冠以官职名，供研究古代茶具形制参考。

《茶谱》由明朝的朱权编写，成书于1440年前后，全书2000余字，内容侧重于茶叶品评和煮茶用具方面的描述。序言叙述茶有醒睡消酒、利大肠、化痰等功效。茶有五名：茶、槚、蔎、茗、荈，认为茶叶杂以诸香会失茶之真味；赞成物遂其自然之性，反对团茶碾末，提出以叶茶烹饮。全书分16则：品茶、收茶（贮藏）、点茶、熙香茶法、茶炉、茶灶、茶磨、茶碾、茶罗、茶架、茶匙、茶筅、茶瓯、茶瓶、煎汤法、品水，详细介绍蒸青叶茶的烹点方法，独创以叶茶烹饮。

《茶寮记》是由明朝陆树声撰于1570年前后，全书约500字。前有引言性质的漫记一篇，次分人品、品泉、烹点、尝茶、茶候、茶侣、茶勋7条，统称“煎茶七类”。全书主要叙述烹茶方法及饮茶人品和兴致。《茶寮记》共有6个版本，其中“古今图书集成”本与其他各版本的上述内容不同，所载陆树声的《茶寮记》前为总叙，与“漫记”文字相同；次分16条，每条数语，多系抄录前人文句，似不像《茶寮记》的原文。

《茶疏》是由明朝许次纾撰于1597年，全书约4700字，分36则。作者根据自己的经验心得写成，是一部综合性的茶叶著作，对茶叶的采摘、炒制、收藏、烹煮、用水等均有较深入的论述，明确指出了几种茶最适当的采摘时间，并指出秋茶品质甚佳，七、八月可重摘一番。论述杀青有两种方法，提出粗茶用蒸，细茶用炒，最先记载论述炒制绿茶的方法；反对茶叶混入香料，以免丧失茶的真味。在“宜节”一则中指出：“茶宜常饮，不宜多饮。常饮则心肺清凉，烦郁顿释；多饮则微伤脾肾，或泄或寒。”这是在论述饮茶与人体健康的关系。《茶疏》是明朝茶书中较著名的一部。

《罗蚧茶记》是由明朝的熊明遇撰于1608年前后。罗蚧茶产于今浙江长兴县境内的罗蚧山。罗蚧山距宜兴80 ~ 90公里，罗蚧茶也作养茶。《罗蚧茶记》全书共500字，叙述罗蚧茶的品质及其采摘、贮藏方法等。作者认为蚧茶品质与产地、采摘有关，并提出茶之色重、味重香重者俱非上品。论述颇切实。以蚧茶为内容撰写的茶书，除这本《罗蚧茶记》外，尚有明朝周高起于1640年撰写的《洞山芥茶系》，全书约1500字，对芥茶的历史、产地、品类、采制、泡饮等均有较翔实的论述。明朝冯可宾于1642年前后撰写的《岕茶笺》，全书约10万字，分12则，首序岕名，次论芥茶的采制、贮藏、辨真伪、烹饮、茶具、禁忌等。此外，清朝的冒襄于1683年前后撰写的《茶汇钞》，记述了茶产地、采制、鉴别、烹饮和故事等，其内容有一半是从《茶疏》《罗蚧茶记》《芥茶笺》中抄录而来。

《茶解》是由明朝罗廪撰于1609年。该书是作者根据亲身体验和实践经验写成。全书3000余字，前为总论，下分10目：原（产地）、品（茶的色香味）、艺（栽培方法）、采、制、藏、烹、水（饮茶用水）、禁（采制茶叶禁忌事项）、器，对茶的种植、采种、选种、茶园管理、茶叶采制等均有论述。作者认为茶地南向为佳，与桂、梅、松等间植可覆霜掩秋阳，其下植芳兰，最忌菜畦，说明茶园方向和间作对茶叶品质有影响；提出贮茶器不能移作别用，采制茶时要干净，不能与有味之物接触，说明茶有吸收异味的特性。

《茶书全集》由明朝喻政编于1613年，是根据中国古茶书辑录而成的一部茶叶丛书。《茶书全集》书目如下：

仁部

《茶经》由唐竟陵陆羽鸿渐著、《茶录》宋蒲阳蔡襄君谟著、《东溪试茶录》宋建安宋子安著、《宣和北苑贡茶录》宋建阳熊蕃叔茂著、《北苑别录》宋赵汝励撰、《品茶要录》宋建守黄儒道父著。

义部

《茶谱》由明吴郡顾元庆辑，《茶具图赞》由宋审安老人撰，《茶寮记》由明华亭陆树声著，《荈茗录》宋豳国陶穀清臣撰，《煎茶水记》唐江州刺史张又新撰，

《水品》明云间徐献忠著,《汤品》唐苏廙元明著,《茶话》明云间陈继儒著。

礼部

《茗笈》上、下由明甬东屠本畯叟著,《茗笈品藻》由王嗣、范汝梓、陈鏌屠玉衡、《煮泉小品》由明钱塘田艺蘅撰。

智部

《茶录》由明包山张源伯渊撰,《茶考》由明钱塘陈师思贞著,《茶说》由明东海屠隆著,《茶疏》由明钱塘许次纾然明著,《茶解》由明慈溪罗廪高君著,《蒙史》上、下由明武陵龙膺君御著,《别记》由明三山徐兴公辑,《茗谭》由明东海徐𤊹兴公著。

信部

《茶集》由明南昌喻政选辑。

《虎邱茶经注补》由清朝的陈鉴撰于1655年。该书专为虎邱茶而写，全书约3600字，仿陆羽《茶经》，分为10目，每目摘录有关《茶经》原文，在其下加注虎丘茶事，性质类似而超出《茶经》原文范围的作为补，接续在《茶经》相关目的原文后。

《茶史》由清朝的刘源长撰于1669年前后。全书约300万字，分两卷30目。该书篇首载各著述家和陆羽、卢仝事迹。第一卷分茶之原始，茶之名产，茶之分产近品，陆羽品茶之出，唐宋诸名家品茶，袁宏道《龙井记》，茶的采、制、藏。第二卷分品水，名泉，古今名家品水，欧阳修《大明水记》《浮槎山水记》，叶清臣《述煮茶小品》，贮水、候汤,《十六汤品》茶具、茶事、茶之鉴赏辨别、茶效，以及名家茶咏、杂录等，大多引前人著作内容，多而杂。

《续茶经》由清朝陆廷灿撰于1734年。全书分3卷，附录1卷，约7万字。该书按陆羽《茶经》该书结构同样分为10目，另以历代茶法作为“附录”。作者从各种古书中摘录有关茶的资料，按目摘要录入。自唐至清朝，茶的产地和采制烹饮方法及其用具，已和陆羽《茶经》所述大不相同，内容丰富而翔实。

2. 现代茶业文献

《茶树病虫防治》由中国农业科学院茶叶研究所编，于1974年出版，共计100千字。本书以图文对照形式，介绍我国茶区主要茶树病虫种类及其防治方法。该书介绍了49种主要茶树害虫形态特征、生活习性和主要防治技术16种主要茶树病害的症状、病原菌、发病过程、发病条件和主要防治技术，以及27种常见农药，并用附录介绍有关资料。全书有65幅病虫彩图，是我国有关茶树病虫方面较早而全面的著作。

《茶树栽培学》，由浙江农业大学主编，于1979年出版，共计276千字。该书系全国高等农业院校茶叶专业教材之一。全书除绪论外，共分12章，第一、二章阐明中国茶叶栽培简史和当前生产区域及现状；第三章着重于茶树的生物学特性描述，掌握茶树的基本特征特性；第四章到第十章分别论述栽培管理方面的各项技术关键和理论，包括繁殖、修剪、施肥、土壤、水分、耕作、保护、采摘等；第十一章是对茶叶高产优质综合因子的分析，概括上述各章之间关系，加强分析能力；第十二章介绍茶叶生产基地建设，包括基地内茶园的开辟和改造技术问题。

《茶叶审评与检验》由湖南农学院主编，于1979年出版，共计275千字，系全国高等农业院校茶叶专业教材之一。全书在绪论之外，共设8章，内容包括茶叶审评基本知识、茶叶品质形成和品质特征的论述，茶叶标准样的制订方法和茶叶检验标准的内容；介绍毛茶和精茶等审评项目、茶叶的检验方法以及茶叶理化审评方法等。

《制茶学》由安徽农学院主编，于1979年出版，共计532千字，系全国高等农业院校茶叶专业教材之一。全书除绪论外，共分14章。绪论论述了发展制茶工业的意义、我国制茶技术的发展概况和制茶学的任务与内容。第一章为茶叶分类的依据和方法；第二章为茶叶产销概况；第三章论述鲜叶的主要化学成分、质量及适制性；第四、五章介绍制茶技术理论和再加工的技术理论；第六章至第十四章，分别论述了绿、黄黑、白、青、红、花茶及萃取茶的制作方法。

《茶叶生物化学》由安徽农学院主编，于1980年出版，共计387千字，系全国高等农业院校茶叶专业教材之一。除绪论之外，全书分为九章，第一章总论茶树的物质代谢，其中概述茶叶的主要化学成分和主要物质代谢的相互关系；第二章至第六章，分别论述多酚类物质、氨基酸、嘌呤碱、芳香物质、色素的代谢；第七、八两章分别论述红茶和绿茶制造的生化变化；第九章为茶叶主要成分的药理功能概述。

《茶树育种学》由湖南农学院主编，于1980年出版，共计352千字，系全国高等农业院校茶叶专业教材之一。该书除绪论外，共分10章，并附有茶树育种

实验指导。首先介绍茶树育种的作用、任务和目标，国内外茶树育种的成就和经验，茶树遗传、变异和育种，以及茶树品种资源、分类和利用；其次着重阐述系统选种、引种、杂交育种以及倍数体育种和辐射育种，同时介绍激光育种和高光效育种等新技术；最后是茶树良种繁育和茶树育种程序。

《茶树病虫害》由安徽农学院主编，于1980年出版，共计480千字，系全国高等农业院校茶叶专业教材之一。全书除绪言外，分为6章。第一、二章分别为昆虫学基础知识和植物病理学基础知识，阐述病与虫两方面必要的理论知识；第三章为病虫害防治原理和方法，综合阐述病虫害防治的共同理论和应用技术；第四章和第五章分别是茶树害虫和茶树病害基础知识，论述国内主要茶树害虫和病害的识别、发生规律与防治方法；第六章为科学实验法，包括病虫害标本的采集处理和昆虫的饲养病原菌的分离培养与接种以及农药药效试验等方法。

《茶叶机械基础》由浙江农业大学主编，于1982年出版，共计389千字，系全国高等农业院校茶叶专业教材之一。该书以述基础理论为主，结合茶叶生产机械化特点，对基本的机械工作原理和设计方法作适当叙述。全书分为三篇，共12章。第一篇为机械制图部分，共5章，包括视图、表达机件的常用方法、零件图、装配图和展开图等内容；第二篇为材料部分，共3章，包括材料的力学性质、金属材料、非金属材料等内容；第三篇为常用机件及零件，共4章，包括常用机构、连接、传动、轴、轴承等内容。各篇最后均有附录，介绍有关标准、参数等。

《茶树生理及茶叶生化实验手册》由中国农业科学院茶叶研究所编，于1983年出版，共计188千字。该书根据茶树生理和茶叶生化研究和测定方法及性质不同，以分类编排的方式汇集茶树生理研究的6种基本方法、茶叶生化研究的6种基本方法、9种茶叶常规分析方法，以及7种茶叶理化审评技术。另有附录一章，包括常用试剂的规格、各种浓度的表示方法和计算，特殊试剂的配制方法等9项内容。该手册是茶叶生理生化研究的常用工具书。

《中国茶树栽培学》由中国农业科学院茶叶研究所主编，于1986年出版，共计706千字。全书除绪论外共分14章，内容着重总结中国传统的茶树栽培经验，介绍20世纪50年代以来中国茶树栽培方面所取得的各项研究成果，以及关于我国茶树栽培适生区域划分，花药培育茶树植株等研究进展。该书中除对各项栽培技术进行了详细的叙述外，还运用电镜技术描述茶树器官的解剖结果，强调栽培

的生物学基础。同时对优质高产技术进行综合性分析，探讨了各项技术措施的经济效益，介绍了茶树栽植的世界发展水平。

《中国农业百科全书（茶业卷）》由王泽农主编，于1998年出版，共计900千字。该书共有783409幅图片，从10个方面介绍中国茶业历史、现代中国茶业状况，茶业科学家，教育、科研机构，茶树生物学，茶树栽培，茶树育种，茶树病虫害，茶叶生物化学，茶叶审评和检验，茶业机械，茶业经济贸易等基础知识，还并列出了世界产茶国的主要茶树品种、世界各国茶叶产销和消费状况等。为了便于检索，该书条目按音序编排，一条一文自成一篇，并列有分类目录和汉字笔画索引，以及英文索引和内容索引，可从不同角度查找所需条目，可谓是介绍现代中国茶业科学技术知识的大型工具书。

三/茶与民俗

（一）茶礼

中国自古以来一直有“礼仪之邦”之称，中国人的礼仪是从古代一直流传下来的，从封建时期的礼教发展到三纲五常，礼仪一直是人们约束自我、节制社会、稳定秩序的方式。茶道作为让人静心修身的方式，自然吸收了我国的礼仪精神。

茶在魏晋南北朝时期的主要用途是祭礼，后来在唐朝也被用于朝廷社稷、宗庙祭祀以及其他朝廷相关的盛事。到了宋朝，茶道变成了一种宫廷文化，形成了朝廷的茶道礼仪，在朝廷举办的各种宴会之上，都需要使用茶道礼仪。宋朝茶道的礼仪可以通过留存下来的宋朝画作体现，比如宋徽宗的《文会图》，在赵佶笔下呈现的是朝廷的正式茶道礼仪，在画作中可看到，茶道活动中有专门的侍者服侍，而且在茶和酒之间的座次来看，茶位于座位的左边，占据着比酒重要的地位；摆放茶的方桌有十二个座位，在桌子上有各种珍贵的菜肴、果品、插花，除此之外，宴会之上还备有香炉、古琴；宴会的场所是一个大厅的中央，综上可看出宋徽宗所参加的不是一般的茶会，不似同时期的《卢仝烹茶图》和《玉川烹茶图》中表现出的悠闲和舒适。由此可见，宋朝朝廷的礼仪性的茶宴，相比于其他的茶会要更加拘谨，而其他民间的茶道礼仪要稍显灵活。

在宋朝文人以茶为聚会仪式，或朝廷亲自主持文士茶会已是经常举动。在《宋史·礼志》《辽史·礼》中可见“行茶”记载。《宋史》卷一百一十五《礼志》载，宋朝诸王纳妃，称纳彩礼为“敲门”，其礼品除羊、酒、彩帛之类外，还有“茗百斤”。这不是一种随意行为，而是必行的礼仪。自此以后，朝廷会试有茶礼，寺院有茶宴，民间结婚有茶礼，居家茗饮皆有礼仪制度。百丈以茶礼为丛林清修的必备礼仪。

在《家礼仪节》中，茶礼是重要内容。元朝德辉《百丈清规》中十分具体地提出了出入茶寮的规矩，如何入蒙堂，如何挂牌点茶，如何焚香，如何问讯，主客座位，点茶、起炉、收盏、献茶，如何鸣板送点茶人……规矩十分详细。至于僧堂点茶仪式，同样有详细的规矩。这些规矩可以说是影响禅宗茶礼的主要经典，也影响世俗茶礼的发展。

明人丘濬的《家常礼节》更深刻影响了民间茶礼，甚至影响了国外，如韩国，至今家常礼节中仍重茶礼。这些茶礼表面看被各阶层、各思想流派所运用，但总的来说都是中国儒家“礼制”思想的产物。茶礼过于烦琐，使人感到不胜其烦，但其中蕴含的精神则有许多可取之处。如唐朝鼓励文人奋进，向考场送“麒麟草”；清朝表示尊重老人举行“百叟宴”；民间婚礼夫妻行茶礼表示爱情的坚贞、纯洁，等等，都有一定积极意义。当然，茶礼中也有一些陈规陋习，旧北京有些官僚不愿听客人谈话便“端茶送客”，这自然是官场陋俗。但总的来说，茶礼所表达的精神主要是秩序、仁爱、敬意与友谊。现代茶礼将仪程简约化、活泼化，而“礼”的精神却加强了。无论是大型茶话会，还是客来敬茶的“小礼”，都表现出中华民族好礼的精神。

（二）茶与婚礼

茶在发展过程中被视为是一种纯洁的象征，被当作高贵的礼品。之所以会形成这样的结果是因为茶在开花时还保留着自身的籽，被人们寓意为是母子见面，体现出了忠贞不渝、性不二移的特征。基于此，茶总是出现在人们生活中的一些重要场合，被视为是一种吉祥的代表，茶由此被赋予了精神的寄托。在婚礼中，

茶被视为是婚礼礼仪的一种表现方式，是婚礼礼仪的一部分，茶从唐朝开始被应用于婚礼，在唐朝文成公主嫁去西藏时就带去了茶的礼仪和文化。唐朝时期，茶道很是盛行，人们极其崇尚茶文化，茶出现在各种重要的场合之中，婚礼就是其中之一。后来在宋朝时，茶由原来的女方嫁妆转变为了男方的聘礼。至元明时，“茶礼”几乎为婚姻的代名词。女子受聘茶礼称“吃茶”，姑娘受人家茶礼便是合乎道德的婚姻；清朝仍保留茶礼的观念，有“好女不吃两家茶”之说，如《红楼梦》中，王熙凤送给林黛玉茶后，诙谐地说：“你既吃了我家的茶，怎么还不做我家的媳妇。”如今，我国许多农村仍把订婚、结婚称为“受茶”“吃茶”，把订婚的定金称为“茶金”，把彩礼称为“茶礼”等。至于迎亲或结婚仪式中用茶，主要用于新郎、新娘的“交杯茶”“和合茶”，或向父母尊长敬献的“谢恩茶”“认亲茶”等仪式。

在婚礼中，用茶为礼的风俗普遍流行于各民族。蒙古族订婚、说亲都要带茶叶表示爱情珍贵；回族称订婚为“定茶”“吃喜茶”；满族称“下大茶”；侗族定亲，请媒人到姑娘家提亲，并不直接点破，而是对姑娘的父母说：“某某家托我上你家来找碗油茶吃，不知二老意下如何？”姑娘的父母以同样的方式答复说：“啊！那我们就煮油茶吃吧！”媒人通过送过来的油茶判断做媒的成败与否，若油茶碗底是凉饭，说明姑娘家对这门亲事冷淡；若油茶碗底是热饭，说明姑娘及其父母同意这门亲事，媒已做成。

下面介绍流行于我国各少数民族的饮茶习俗。

求婚茶：求婚茶指的是云南拉祜族的男子在向女子求婚时，需要准备求婚时所用的茶叶一包、茶罐两个，女方可以根据茶叶和茶罐质量的高低作为判断男方家庭条件的依据。

退婚茶：退婚茶指的是贵州侗族女子在经过父母订婚后，如果不满意这门婚事，可以自己准备茶叶送到男方家中，并且告知男方父母，自己没有福分成为他们的儿媳妇，希望他们可以找到更好的媳妇，将茶叶放在男方家中，离去，代表退婚完成。

订婚茶：订婚茶是撒拉族男子和女子定亲时的习俗。一般情况下如果女方同意婚约，那么男方需要在良辰吉日让媒人去女方家里送茶。订婚茶包括茯砖茶一块（一般是四斤）、一对耳坠和其他物品。除了内蒙古和辽宁的撒拉族，西北的东乡族也有这个习俗，但是一般订婚是由两盒茯茶、两盒方糖以及几件服饰组成。

定茶：定茶是我国西北部东乡族的订婚习俗。在东乡族有提前订婚的习俗，一般在孩子七岁到八岁时进行订婚，订婚由双方父母决定，父母不在的可以由家族中的长辈、叔伯或者兄长进行订婚。订婚由男方提出，媒人作保，征得女方同意后，婚约形成，男方送定茶以示订婚。定茶包括几斤细茶、几件衣物。东乡族的定茶习俗已经沿用许久，由于东乡族地处西北，不产茶，茶叶需要从南方运输过来，很不便利。后来有的商人为了方便，从南方移植了一棵茶树，但是后来茶树没能成活，由此东乡人认为茶树具有性不二移的特性，从茶树栽下、发芽到长大，这个期间一旦茶树被移植便会死亡，这就好像婚约，一旦成立便不能反悔，所以东乡人用茶叶来作为订婚的信物，用来表示婚约的坚定。茶叶也被其用来形容女子，一个女子不能喝两家茶叶，以此来表示女子一旦答应婚约，就不能反悔。

送茶包：送茶包指的是回族、保安族和东乡族的婚礼习俗。送茶包的习俗发生于订婚以后，如果两家的孩子订了婚，那么由媒人进行说亲，在女方同意后，男方需要送茯砖一包（茯砖中一般包的是春尖茶或者沱茶），茯砖用红色的纸包住，或者用红色的纸剪成好看的图案贴在茯砖的包装外面。除此之外，还要用两个盒子装上冰糖和红枣，将盒子用红纸包扎好后由媒人送给女方，以此形成约定，男女双方开始认真考量彼此的人品，为以后结婚做参考。

闹油茶：闹油茶指的是侗族的习俗，流传在广西一带，用于新娘回门。在新娘回门的头一天晚上，族内调皮的后生会穿戴整齐到新人家中去，新娘子在他们到来之前要躲在洞房中，俏皮的后生会发出大的声响，将火生起来，并且烧得很旺，直到将锅烧红，然后放入鞭炮点燃，让鞭炮的烟雾充满整个屋子，直到新娘怕损坏物品自己走出来，新娘在无可奈何之下给后生打油茶。后生达到自己的目的后，会老老实实地坐好，等着喝油茶。

亲婆茶：亲婆茶也是侗族的习俗，在新娘出嫁当天，要由新娘那一方选出一位或两位长辈的姑娘，随新娘去喝甜口茶。甜口茶一般由白糖、姜、茶叶、红枣、糕点等做成，在婚礼当时，一般只是象征性地吃一小口，剩下的需要在亲婆返回时带走。

红豆茶：红豆茶指的是侗族的喜茶，该茶象征的是吉祥如意。红豆茶一般由米花、炒米、苞谷或黄豆、茶叶制成，其中米花指的是在油锅中倒入白米和糯

米。集齐四样材料后，需要将它们煮开后在锅中加入猪血，这样红豆茶就制成了。

婚礼茶：婚礼茶指的是藏族人民的习俗，婚礼茶是一种珍贵的礼品，用于婚礼，婚礼茶是用酥油茶熬制而成的，一般需要熬制成大红色，用来象征婚宴的幸福美满，祝愿夫妻之间互爱互助，相敬如宾。

陪嫁茶：陪嫁茶指的是布朗族人在结婚时所用的茶，结婚时，布朗族的男方和女方都需要派出一对夫妇去迎亲和送亲，一般情况下，送亲的嫁妆中会包括茶树、锅、布料、一只公鸡和母鸡。除此之外，家庭富裕的还可以放金银首饰以及牲口等。在这些物品中，茶是必不可少的。

合合茶：合合茶是湖南衡阳的婚礼习俗，在结婚当日，众人将新郎新娘带到早已准备好的堂屋中，将他们按在长凳子上，新郎新娘首先是背靠背的，众人需要将新郎转换 180 度，变成和新娘面对面的姿势，然后新娘的左脚会被搬到新郎的右腿上，最后两人用右手的拇指和食指围成长方形，众人在长方形中放入茶杯，倒好水，前来道喜的亲朋好友需要轮流喝一遍茶，一边喝一边加茶一边讲笑话，这种茶被叫作合合茶。

不仅是少数民族，还有很多地区都有喝茶的习俗，比如在浙江茶品颇有唐朝的流行趋势，很多人每天茶不离口，如果有嫁娶的重大事宜，亲朋好友还会特意到家中去喝茶表示对婚礼的祝福。他们还盛行喝“新家婆茶”，讨“新娘子茶”，请“新娘子茶”等。未出嫁的姑娘家里总是备好茶叶招待未来女婿。家里女儿越多，茶叶吃得越多，姑娘把最好的茶叶留给小伙子吃。此外，在大中城市，青年男女如今虽然不再用茶叶作为爱情媒介，但是也经常把茶叶作为礼品相赠。新婚燕尔之时，亲人免不了用西湖龙井等名茶招待客人，在慢斟细品中，宾主共叙，互相勉励，同祝幸福。日常生活中，男女青年饮茶交谈，对茶生情，更是极其普遍的一种生活现象。总之，从古到今，我国许多地方在缔婚过程中，都离不开茶作礼仪。

（三）茶与祭祀

以茶祭祀，在我国历史上有文字记载的，可以追溯到两晋南北朝时期。据梁萧子显《南齐书》记载：南朝时齐世祖武皇帝萧颐，在他的遗诏里说：“我灵座上，慎勿以牲为祭，唯设饼果、茶饮、干饭、酒脯而已。”《神异记》一书中记述了一个故事，浙江余姚人虞洪上山采茶时遇见一位道士牵着三头青牛，道士带着虞洪到了瀑布山，对他说：“予丹丘子也。闻子善具饮，常思见惠。山中有大茗，可以相给，祈子他日有瓯牺之余，乞相遗也。”以后，虞洪用茶祭祀，后来家人进山，果然经常能采到大茶。由此可以看出，早在古代人们为求得某种利益已经用茶祭神、祭天。

以茶祭祀还表现在用茶作随葬品。茶作为随葬品可以说是由来已久，在湖南长沙马王堆汉墓中就曾发现一箱茶叶，证明早在汉朝，贵族已用茶作为随葬品。用茶作为随葬品，在我国民间有如下说法：一是认为茶是人们生活必需品：二是过去有民间传说，人死后到阴间去须经“孟婆亭”喝迷魂汤（孟婆汤），而茶能使人清醒，用茶陪葬或在灵前供茶，可以使死者灵魂不迷失；三是认为茶是“洁净”之物，能够吸收异味，净化空气，用茶作随葬物，有利于死者遗体保存和减少对环境的污染。

茶品用于祭祀之用的习俗或出现在以茶待客之后，一般认为发展于两晋以后。在现有的文献中，唐朝韩翃曾写过“笑主礼贤，方闻置茗；晋臣爱客，才有分茶”这样的与茶相关的论述。据现有记载，以茶待客的习俗则最早出现于我国的三国时期和两晋时期，作为后来发展的茶品的祭祀功能，肯定不会早于三国两晋时期。

我国现存的最早记录以茶品为祭祀之用的著作是《南齐书》，其中记载道：“我灵上慎勿以牲为祭，唯设饼、茶饮、干饭、酒脯而已，天下贵贱，咸同此制。”这句话的意思是齐武帝说，在他死后祭祀时，不要使用牲口，只需要设置饼、茶、酒、饭即可。齐武帝是一位比较节俭的皇帝，他的做法是我们目前能够找到的以茶品作为祭祀的最早证明，但是茶品作为祭祀这一习俗，或许最早出现

于民间，而齐武帝或是将民间的习俗引入皇室的习俗中，以身作则，推行这种节俭的祭祀方式。

茶品用于丧事只是茶叶用于祭祀活动的其中一种，除此之外，茶品还被用于祭天活动、祭地活动、祭祖祭神乃至祭佛，等等。茶叶用于这些祭祀活动的时间与用于丧事的时间应是差不多的。

在我国的历史记载中，曾出现过这样一则故事：剡县陈务的妻子，早年丧夫后，和两个儿子生活在一起，在他们家院子里有一座古坟。陈氏喜好饮茶，每次饮茶时都要用茶敬一下埋在古坟中的人。不过，她的两个儿子并不喜欢这个古坟，几欲挖掉，但是每次都被陈氏制止了。有一天夜里陈氏做了一个梦，有一个人对她说："我在这长埋三百余年，你的儿子几欲挖坟，多亏有你的阻止和祭祀。我虽然已经长埋地下三百年，但是我依然要感激你的保护和茶品，我要给你些许回报。"当陈氏醒来后，她在院子中发现了十万钱。钱看着是被埋在地下许久的，但是穿钱的绳子却是崭新的。陈氏对她的两个儿子讲述了这件事，两人感到羞愧不已，从此勤加祭祀。这个故事发生在魏晋南北朝时期，由此可见，用茶品祭祀的习俗早已出现于这一时期，并已经开始流行。

在我国北方，茶品用于祭祀的习俗一般认为出现于隋唐时期。尤其是唐朝，在当时茶道甚是流行，甚至已有了贡茶制度。贡茶指的是进贡到朝廷的茶叶，在我国茶叶的进贡起源很早，但是在唐朝才开始设立专门的贡茶地。在唐朝，进贡地一般选在交通便利的地方，诸如国道旁，沙道附近的地方等。除此之外，茶品进贡地的选择还要看当地是否出产好的茶叶，比如李郢写过"一月五程路四千，到时须及清明宴"的诗句，该诗句说的是茶品的进贡需要在清明宴到来之前，清明宴指的是清明祭祀活动以后进行的宴会，但是宴会是假，清明节祭祀需要茶品是真。在北方，茶品祭祀是先用于民间还是先用于宫廷很难考究，但南北方同样重视以茶品祭祀这一礼制。

在文献《蛮瓯志》中记称："《觉林院志》崇收茶三等：待客以惊雷荚，自奉以萱草带，供佛以紫茸香。盖最上以供佛，而最下以自奉也。"据此记载，古时觉林院所收的茶可分为三等，用途也可分为三处：一是用于待客，二是用于礼佛，三是留给自己。在这之中，最好的茶要用来礼佛，最次等的茶则留给自己饮用。

用茶品祭祀主要有三种形式：一是只放茶壶作为象征；二是在茶杯中放入干

的茶叶；三是在茶杯中放入茶水。一般情况下是这三种形式，但是也有例外的情况，比如文献中记载的"我朝太祖皇帝喜顾渚茶，今定制，岁贡奉三十二斤，清明年（前）二日，县官亲诣采造，进南京奉先殿焚香而已"。这一文献表明，除了进贡茶芽，还要进贡茶叶用于祭祀，将其在奉先殿焚化。

除了汉族，少数民族也使用茶品祭祀。在云南布朗族会使用饭菜、茶叶和竹笋进行祭祀，一般情况下这些可用来祭祀祖先和宗教祭祀、农业祭祀。虽然当地百姓也信仰佛教，但是对自然的崇拜还是高于佛教的崇拜的。祭祀用的物品一般放在芭蕉叶子上面，而在大型的祭祀活动中，还会宰杀牲口用于祭祀。祭祀活动一般从播种开始持续到秋收以后。除此之外，文山壮族的布依人也使用茶品进行祭祀，他们族信仰的神灵不多，多供奉"老人厅""龙树""土地庙"。三种祭祀活动一般分别设立在寨子中、村寨边、远处的山坡。每逢祭祀时，全寨子的人都会轮流敬茶，以祈求神灵的保佑，祭祀所用的祭品以茶为主。

近年来，随着国家建设的不断发展，我国祭祀发生根本性变化，以至上述祭祀活动已变成历史陈迹。存在决定意识，我们不能预言将来祭祀会不会在社会生活中消失，但可以肯定的是，即使将来仍然有祭祀或保留有用茶作祭的礼仪，但它过去所具有的那些封建迷信成分，必然会随着人们头脑中的封建意识的消除而消除。

（四）中国各地饮茶习俗

我国有56个民族，自古都爱茶，都有以茶敬客、以茶祭祖、以茶供神、以茶联谊的礼俗。由于各个民族所处的地理环境不同，历史文化背景不同，宗教信仰不同，饮茶的风俗习惯也各有差异。即使同一个民族，也有"千里不同风，百里不同俗"的现象，正因为这样，才形成了我国百花齐放、异彩纷呈的饮茶风俗格局。

1. 汉族茶俗

汉族是中国主体民族，人口占全国总人口的94%，遍布整个中国，但主要

聚居在黄河、长江和珠江三大流域与松辽平原，是一个懂礼仪、讲文明、重情好客的民族。茶是汉民族人民的生活必需品。

汉民族饮茶重在意境，以鉴别茶香、茶味，欣赏茶姿、茶汤、茶形和茶色为目的。自娱自乐者谓之品茶，注重精神享受。倘在劳动之际或炎夏酷热，以清凉、消暑、解渴为目的，手捧大碗急饮者；或不断冲泡，连饮带咽者，谓之喝茶。

不过，汉族饮茶虽然方式有别，目的不同，但大多推崇清饮，认为清饮能够保持茶的“纯粹”，体现茶的“本色”，领略茶的真趣。在中国人饮茶中，最能体现汉族清饮雅赏，香真味实的是品龙井、啜乌龙、喝凉茶。

（1）品龙井

龙井茶主产于浙江杭州西湖山区。“龙井”一词，既是茶名，又是茶树种名还是村名、井名和寺名，可谓“五龙合一”。西湖龙井茶以“色绿、香郁、味甘、形美”著称，其“淡而远”“香而清”。历代诗人以“黄金芽”“无双品”等美好词句来表达人们对龙井茶的喜爱之情。

品饮龙井茶需要做到：一要境怡，自然环境、装饰环境和茶的品饮环境相宜；二要水净，指泡茶用水要清澈洁净，以山泉水为上，用虎跑水泡龙井茶，更是杭州“一绝”；三要具精，泡茶用杯以白瓷杯或玻璃杯为上，倘若用碗冲泡，则无须加盖；四要艺巧，即要掌握龙井茶的冲泡技艺以及品饮方法；五要适情，即有闲情雅致，抛却公务缠身，烦闷琐事，方可有兴品茶。

品饮方法多种多样，常见的有“玻璃杯泡饮法”“瓷杯泡饮法”和“茶壶泡饮法”。玻璃杯泡饮法适用于品饮细嫩的龙井茶，便于充分欣赏名茶外形、内质。泡饮前，可以先“赏茶”，充分领略龙井茶地域性的天然风韵，然后采用透明玻璃杯泡茶，便于观赏茶在水中的缓慢舒展、游动、变幻过程，人们称其为“茶舞”。茶叶在水中自动徐徐下沉，有先有后，有的直线下沉，有的则徊缓下，有的上下沉浮后降至杯底。干茶吸收水分，逐渐展开，芽似枪、剑，叶如旗，汤面水气蕴含着茶香缕缕升腾，如云蒸霞蔚，趁热嗅闻茶汤香气，令人心旷神怡；观赏茶汤颜色，隔杯对着阳光透视，还可见到发光的细细茸毫在茶汤中沉浮游动。

待茶汤凉至适口，可小口品吸，缓慢吞咽，以品尝茶汤滋味，领略名茶风韵。此时要鼻舌并用，可从茶汤中品出嫩茶香气，顿觉沁人心脾。饮至杯中茶汤尚余三分之一水量时，再添加开水。在第三次添加开水后，茶味已淡。如果再掺开水，茶汤则淡薄无味。品饮绿茶大多以三杯为度，而品龙井茶时，应慢慢拿起杯子，举杯细看翠叶碧水，察看多变的叶姿，尔后将杯送入鼻端，深深地嗅闻龙井茶的嫩香，使人舒心清神。看罢、闻罢，然后缓缓品味，清香、甘醇、鲜爽应运而生。正如清朝陆次云所说："龙井茶真者甘香如兰幽而不洌，啜之淡然，似乎无味。饮过之后，觉有一种太和之气，弥沦于齿颊之间，此无味之味，乃至味也。"这是品龙井茶的动人写照。

（2）闽粤功夫茶

功夫茶，又称"工夫茶"，因其冲泡时颇费工夫而得名，是汉族饮茶风俗之一。啜功夫茶最为讲究的要数广东潮汕地区，不但冲泡讲究，而且颇费工夫。要真正品尝到啜功夫茶的妙趣，升华到艺术享受境界，需具备多种条件。其中主要取决三个基本前提，即上乘的茶叶、精巧的功夫茶具以及富含文化的论饮法。

首先，根据饮茶者品位，选择优质乌龙茶。乌龙茶既具有绿茶的醇和甘爽、红茶的鲜香浓厚，又有花茶的芬芳幽香。其次，泡茶用水应选择甘洌山泉水，强调现烧现冲。接着，备好茶具，从火炉、火炭、风扇，到茶洗、茶壶、茶杯、冲罐等，备有大小十余件。人们对啜乌龙茶的茶具雅称为"烹茶四宝"，即潮汕风炉、玉书碨、孟臣罐、若琛瓯。通常以 3 个为多，叫"茶三酒四"，专供啜茶用。一般啜功夫茶世家，也是收藏功夫茶具世家，他们会珍藏几套功夫茶具。

功夫茶，不仅茶具精致，饮用程序也十分讲究。冲泡前，烫盅热罐（俗称"孟臣沐霖"），当水烧至二沸时（此水不嫩也不老），立即提水灌壶烫杯，烫杯的动作叫"狮子滚球"。在整个泡饮过程中要不断淋洗，使茶具保持清洁和热度。然后，用茶针将茶叶按粗细分开，先放碎末填壶底，再盖上粗条，把中小叶排在最上面，以免碎末堵塞壶内口，阻碍茶汤的顺畅流出。

冲泡时，要提高水壶，循边缘缓缓冲入，形成圈子，以免冲破"茶胆"，冲水时要使壶内茶叶打滚。通常，乌龙茶第一次泡是不喝的，使茶之真味得以充分体现。然后进行第二次冲泡，这道程序名曰"重洗仙颜"。在第二次注水后，提起壶盖，从壶口子刮几下，把壶中泡沫刮出后将壶盖盖好，在壶的表面反复浇沸水，这样做可以"洗"去溢在壶上面的白沫，同时起到壶外加热作用，也叫"内外夹攻"，让茶叶的精美真味得以浸泡出来。

一旦茶叶冲泡完毕，主人示意啜茶时，主人一般不端茶奉客，而是由客人就近自取。取杯时，用右手食指和拇指夹住茶杯口沿，中指抵住杯子圈足，叫"三

龙护鼎”。客人取杯后不可一饮而尽，而应拿着茶杯从鼻端慢慢移到嘴边，趁热闻香，再尝其味。品茶时，要先看汤色，叫眼品；再闻其香，叫鼻品；尔后啜饮，叫口品。如此三品啜茶，不但令满口生香，而且韵味十足，让人能领悟到啜功夫茶的妙处。

品饮功夫茶不但能够怡情悦性，而且能够提神益思、消除疲劳。经常饮用，还能止痢去暑和健脾养胃。

按广东潮汕地区啜功夫茶风习，凡有客进门，主人必然会拿出珍藏茶具，选择最好的功夫茶，或在客厅，或在室外树荫下，主人亲自泡茶，品茗叙谊。如果客人也深通功夫茶理，叫“茶逢知己，味苦心甘”。酽酽功夫茶，浓浓人情味，说话投机，足足可以坐上半天，也不厌多。

按潮汕人喝茶习惯，啜功夫茶可随遇而安。因在当地不分男女老少，不分东南西北，啜功夫茶已成为一种风俗，所以啜功夫茶无须固定位置，也无须固定格局，或在客厅，或在田野，或在水滨，或在路旁，随周围环境变化，使啜茶变得更有主动性，变得更有乐趣。此外，当地人还认为，啜乌龙茶最大的乐趣是乌龙茶冲泡程序的艺术构思，其中概括出的形象语言和动作，让啜茶者未曾品尝已经倾倒，这种“意境美”或多或少地替代了茶人对“环境美”的要求。

（3）喝凉茶

喝凉茶的习俗多见于南方，在两广（广东、广西）及海南等地最为常见。在中国南方地区，凡过往行人较为集中的地方，如公园门前、半路凉亭、车站码头、街头巷尾，直至车间、工地、田间劳作等地，都有凉茶出售和供应。南方人喝的凉茶，除了清茶外，还会在茶中放入些有清热解毒作用的清凉饮料植物，如野菊花、金银花、薄荷、生姜、橘皮之类，使茶的清热解毒功能得到充分互补和发挥。因此凉茶严格说来，类似药茶味道，除有消暑解毒作用外，还有预防疾病的功效。

凉茶主要是为了适应天气湿热，防止人们易患燥热、风寒、感冒诸症而配制成的一种保健茶，特别是在夏天，卖凉茶成为华南地区的一道景观。凉茶始于何时，不得而知。制作凉茶的茶叶，一般选用比较粗老的茶叶煎制。凉茶的供应点一般分为两种，一种是固定式，但并非楼馆，类似于茶摊；另一种是流动式，将各种已经配制好的凉茶盛在大茶壶中，人们可以依照凉茶性质，随便挑选。特别是在暑天，人们在匆忙劳作或赶路之际，大汗淋漓，口干舌燥，此时若在凉茶点上歇脚小憩，喝上一杯凉茶，便会感到心旷神怡，暑气全消，精神为之一振。南方的半路凉亭往往是免费供应凉茶之地。有些凉亭还刻着茶联，劝君喝茶小憩，以示关怀。有凉亭茶联曰："为名忙，为利忙，忙里偷闲，且喝一杯茶去；劳心苦，劳力苦，苦中作乐，再倒一碗茶来"，如此喝着凉茶，再品味着茶联，心态平和，自有清凉在心头。

2. 少数民族饮茶

（1）藏族的酥油茶

藏族主要聚居在我国西藏自治区，在四川、青海、云南、甘肃部分地区也有一些藏族人居住。茶是藏族同胞生活中的头等大事，当地有句俗语叫"饭可以一天不吃，茶却不能一天不喝"，藏族人把茶和米看得同等重要，无论男女老幼都离不开茶。所以藏族认为能喝上茶就是幸福。当地有一首民谣唱道："麋鹿和羚羊聚集在草原上，男女老幼聚集在帐篷里；草原上有花就有幸福，帐篷里有茶就更幸福。"在藏族地区，几乎家家户户的火盆上都燉着一壶酥油茶，藏民外出也常常随身带着打酥油茶的工具，在劳动之余喝上几碗酥油茶，身心都舒泰。"茶是血，茶是肉"，对藏族人来说，是最为真实的写照。

有些地方的藏民，一天中要喝四次茶，第一次在清晨起床后喝，称"斗麻"；第二次在午饭时喝，是佐餐的饮料；第三次是下午时分喝，就着糌粑饮用；第四次是晚饭后，一家人围坐在火堆旁边，喝着酥油茶消困解乏，其乐融融。

除了常见的酥油茶外，藏族饮茶的方式还有奶茶、清茶。奶茶为日常饮用和待客用，用普洱茶和食盐、鲜奶一同煮沸，其味道鲜美可口，还能醒脑提神，消除困乏。清茶又称盐茶，用茶加盐和水一起煮，经过反复过滤，将得到的茶汁混合，供一天饮用。其味清香宜人，解渴止乏，风格独特。据传，文成公主带去茶叶，提倡饮茶的同时，还亲手将带去的茶叶与当地的奶酪和酥油放一起，调制成酥油茶，赏赐大臣，获得好评。自此，敬酥油茶便成为赐臣敬客的隆重礼节，由此传到民间。藏族居住地地势高亢，空气稀薄，气候高寒干旱，人们以放牧或种旱地作物为生，当地蔬菜、瓜果较少，常年以奶肉糌粑为主食。"其腥肉之食，非茶不消；青稞之热，非茶不解。"茶成为当地人补充营养的主要来源。同时热饮酥油茶还能抵御寒冷，增加热量，所以喝酥油茶同吃饭一样重要。

酥油茶是在茶汤中加入酥油等佐料，再进行特殊加工制成的。酥油的提炼手

法是将牛奶或者羊奶加热煮沸，经过搅拌并冷却后，取凝结在奶表面上的脂肪。酥油茶中所用的茶一般选择紧压茶，在制作酥油茶时，先要将紧压茶打碎，放入壶中煎煮，滤去茶渣，将茶水注入打茶筒并加入适量酥油，还可以加入炒熟的碎核桃仁、花生仁、芝麻、松子、少量食盐和鸡蛋等，然后用木杵上下抽打，至茶汤与添加料融为一体，将酥油茶加热即可食用。

由于酥油茶是多种食料与茶水混合而成的饮料，所以味道十分丰富，入口咸中透香，苦中含甜，一方面能够补充身体所需的营养，另一方面还可以抵御严寒。西藏地区地域广袤，很多地方如草原或荒原地带人烟稀少，物产极其有限，如遇客人偶尔来访，为他端上一碗酥油茶，久而久之，用酥油茶待客，就成为藏族人款待宾客的最高礼仪。

（2）白族的三道茶

白族是一个十分好客的民族，不论逢年过节，生辰寿诞，男婚女嫁，或是有客登门造访，都习惯于用三道茶款待客人。三道茶，白族称为“绍道兆”，是种祝愿美好生活、并富于戏剧色彩的饮茶方式。最初，白族用喝“一苦二甜三回味”的三道茶只是作为子女学艺、求学、新女婿上门、女儿出嫁以及子女成家立业时的礼俗。后来，随着社会的不断发展，三道茶的应用范围日益扩大，逐渐成为白族人喜庆迎宾时的饮茶习俗。

以前，白族三道茶是由家中或族中长辈亲自司茶。如今改为由小辈向长辈敬茶。制作三道茶时，每道茶的制作方法和所需原料都不一样。第一道茶被称为“清苦之茶”，其中蕴含着“立业当想吃苦”的哲理。在制作时，首先要将水烧开，司茶者取一只粗糙砂罐烤热，在罐中放入适量的茶叶并不停转动，等茶叶的颜色开始变黄并散发出类似焦糖的香气时，马上倒入沸水。一小会儿后，便可将茶水倒入小茶盅内，由主人用双手献给客人。这杯茶入口味道苦涩，所以称为“清苦之茶”。

第二道茶被称为“甜茶”。在客人喝过第一道茶后，主人再次用小砂罐置茶、烤茶、煮茶，这一次主人会在小茶盅内放入一些红糖，将煮好的茶水倾入至八分满。这一杯茶甘甜中带着香气，有先苦后甜之意，寓意着人生不管做什么事，只有能吃苦才有甜香来。

第三道茶被称为“回味茶”。煮茶的方法同前两道茶的煮法相同，但这一次茶盅内会放入适量的蜂蜜、炒米花、核桃仁，还有几粒花椒。主人将煮好的茶水倾入至六七分满，客人一边品茶一边晃动茶盅，以将茶水与佐料充分混合，并趁热饮下。这杯茶集酸、甜、苦、辣于一体，各味俱全，因此被白族人民称为回味茶，意思是凡事要多回味，不可忘记先苦后甜的人生哲理。

一般情况下，主人在款待客人三道茶的时候，每道茶中间会相隔三至五分钟，还会在桌子上摆些糖果、瓜子等茶点来增添饮茶的情趣。如今，白族的三道茶在饮用方面更加丰富，与传统相比已有所改变，成为白族人民传统与现代结合的新风尚，但三道茶“一苦二甜三回味”的特点和内涵却始终未曾改变过。

（3）傣族的竹筒香茶

竹筒香茶在傣语中被称为“腊跺”，是傣族独具一格的风味茶。竹筒茶原产地在云南西双版纳傣族自治州勐海县，由于其所用原料十分细嫩，因此又被称为姑娘茶。竹筒香茶共有两种做法。其一：采摘一芽二三叶的茶青，用铁锅进行炒制并揉捻后，装入生长了一年左右的嫩甜竹筒中，这样制成的竹筒茶融茶香与竹香于一体。其二：将香糯米浸足水后铺在小饭甑中，六七厘米厚即可，然后在糯米上铺一层干净的纱布，将芒层晒青毛尖茶置于纱布上，盖上饭甑旺火蒸 15 分钟，这时候的茶叶已经软化并充分吸收了糯米的香气，之后将茶叶倒出装入竹筒，以炭火文火烘烤，每几分钟便翻动竹筒一次，待茶叶全部烘干后收藏，这样制成的竹筒茶既有茶香、竹筒香，还有糯米的香气。

竹筒香茶耐藏，用牛皮纸包好存于干燥避光处，品质可经久保持。在饮用时，可以用壶具冲泡，但最好的方式是先用嫩竹筒装上泉水，于炭火上烧开，然后放入茶叶再煮 5 分钟，竹筒凉一些后就可以品茶了。竹筒香茶的几种香气融为一体，入口清香扑鼻，可消暑解渴，提神解乏。

（4）侗家打油茶

桂北地区的侗族人有家家打油茶、人人喝油茶的习惯，一日三餐，必不可少。早餐前吃的称为早餐茶；午饭前吃的称为晌午茶；晚餐前吃的称为宵夜茶。

“打油茶”所用炊具很简单，只需一口炒锅，一把竹篾编成的茶滤，一只汤勺。佐料一般有茶油、茶叶，阴米、花生仁、黄豆、葱花。打油茶的第一道工序是发阴米。将茶油倒入铁锅，烧热煮沸，把阴米一把一把地放入滚油锅里，炸成白白的米花浮在油面。第二道工序是炒花生仁、炒黄豆、炒玉米或其他副食品。第三道工序是煮油茶，茶叶是用当地出产的大叶茶，也有的用从茶树上刚采下的新鲜叶子，讲究的必须选用“谷雨茶”。在清明至谷雨采摘的“谷雨茶”，要求选

用芽叶肥壮的茶叶。每锅茶水煮多煮少，依饮茶人数而定，以每人每轮半小碗为准。打油茶一般为“三咸二甜”（三碗放盐的茶水、两碗放糖的汤圆茶水）。喝茶时，由主妇把炸阴米、炒花生仁、炸糍粑、炸黄豆分入碗内，用汤勺把热茶水冲入碗中，喷香的油茶则“打”成。打油茶具有浓香、甘甜味美、营养丰富等特点，常饮能提神醒脑，治病补身。

凡是到侗家做客的人，都会享受到敬油茶。油茶煮好后，主妇给客人敬上一碗油茶后，还会在碗旁摆上一根筷子，这根筷子是拨碗里佐料使用的。主人敬茶的次数最多可达16次，不少于3次。如果客人喝了三碗不想要了，则用筷子把碗里的佐料拨干净吃掉，然后把筷子横放在碗口上，主人就不会再给客人添茶了；如果筷子总是放在桌子上，则主人会继续给客人添油茶。

按照侗家风俗习惯，喝油茶一般需要连吃三碗，叫作“三碗不见外”。为了打油茶，当地群众把茶叶制成茶饼，以便于保存。茶饼是用采回的鲜茶叶经筛选后放入锅内煮沸杀青除涩，捞出晒干，再装入木甑蒸软重压。每次加入茶叶1～15千克，层层加入，直到斟满为止，冷却后倒出，便成为一盘盘“压缩茶饼”。打油茶时随取随用，十分方便。

（5）蒙古族的咸奶茶

在饮茶方面，蒙古族与一些少数民族相似，喜欢在茶中加入牛奶、盐巴烹煮。这种咸奶茶，蒙古族人每日饮三顿，如遇其他情况，还会加量。当然他们对该茶的享用，也颇有讲究。

我们先看下成奶茶的煮制方法：先将砖茶捣碎放入铁锅或铝质、铜质茶壶中，加水煎煮约10分钟，茶汁呈红褐色时，兑入事先煮沸的牛奶或羊奶，再放少量盐巴，搅拌均匀后，就是又香又热、可口的咸奶茶。蒙古族人一般是清早煮好一壶咸奶茶，用微火温着，备用一天。如有客人进入蒙古包，他们就拿奶茶、鼻烟炒米待客。这些可以说是蒙古族人待客的佳品。

咸奶茶的烹煮功夫是蒙古族女子“身价”的体现。大凡姑娘从懂事起，做母亲的便会悉心传授女儿烹茶技艺。姑娘出嫁、婆家迎新举行婚礼时，新娘需要当着亲朋好友的面，展现自己煮茶的本领，并将亲手煮好的咸奶茶敬献给宾客品尝，以表示家教有方，否则会留给人们缺少教养的印象。

蒙古奶茶的饮法受到西藏饮茶方式的影响，清人祁韵士在《西陲要略》中记叙厄鲁特蒙古人的饮茶习俗：“其达官贵人，夏食酪浆乳，冬食牛羊肉，贫人则

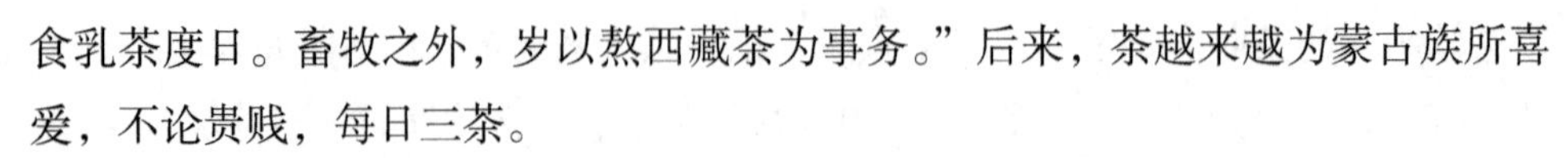

食乳茶度日。畜牧之外，岁以熬西藏茶为事务。”后来，茶越来越为蒙古族所喜爱，不论贵贱，每日三茶。

（6）土家族的擂茶

土家族生活在川、贵、湘、鄂四省交界之处，此地古木参天，绿树成荫，“芳草鲜美，落英缤纷”。由于茶的山水情结，茶被土家族人所利用，并形成独特的擂茶习俗，也是中国民族智慧的体现。

擂茶又被称为三生汤，这一名字的由来有两种说法。其一是因为擂茶是由生叶、生姜和生米三种生的原料烹煮而成的，故得名。其二则与三国时代名将张飞有关。相传张飞带兵行至今湖南常德一带，炎夏酷暑，军士因水土不服而精疲力竭，又加上瘟疫蔓延，许多将士一病不起，张飞本人也未能幸免。危急时刻，当地一位老中医出手相助，亲手研制并献上祖传的擂茶，药到病除。张飞不胜感激，连连表示得遇神医真乃“三生有幸”，从此，擂茶就多“三生汤”的名字。

擂茶流传的地方非常广泛，但以湖南部分地区为最。人们四季常饮，也习惯用擂茶待客。擂茶的制作方法是：将茶与佐料一起放入擂钵，佐料一般以当地出产的黄豆、玉米、绿豆、花生、白糖为主，也可以根据每个人的爱好掺入其他佐料。然后，用擂茶棍慢慢擂成糊状，加适量冷开水调成茶汁，贮于瓦罐中。饮用时，只需盛出几勺，注入开水，即可冲成一碗擂茶。当然，还可加入其他调料，使擂茶喝起来更有香、甜、脆、爽之感。

擂茶历史悠久，于宋朝已开始流行，明朝朱权的《臞仙神隐》中有关于其制法的记载。擂茶“古风犹存”，制作简单，饮用方便，有解渴、充饥之效，很受当地人喜爱。

（7）回族的刮碗子茶

回族主要分布于我国西北的广大地区，其中最为集中的地区为宁夏、甘肃和青海三省。回族所聚居之处多为高原，气候干燥，风沙横行，寒冷难耐，蔬菜瓜果较难生长，因此回族人民多以牛羊肉和奶制品为食物。而茶叶作为一种方便保存的饮品，不但能够帮助人们补充维生素，还有助于去油解腻，因此自古以来，茶就是回族人民生活中不可缺少的食品。在日常生活中回族人尤其爱好饮茶，很多人甚至以茶代酒，时间一长，就形成了待客敬茶、三餐泡茶、馈赠送茶、聘礼包茶、斋日散茶、节日宴茶和喜庆品茶等茶俗，且长盛不衰。

回族人民饮茶的方式有很多，其中最具代表性的就是刮碗子茶。刮碗子茶使

用的茶具是由茶碗、碗盖和碗托组成，俗称“三件套”。这三件茶具各有作用，茶碗用来盛茶，碗盖保温保香，碗托防止烫手。在喝茶的时候，一手端着茶托，一手扶着碗盖，用盖顺着碗口由里向外刮，一方面可以拨走表面泡沫；另一方面能够使茶水更好地与所添加的食物融合，因此被称为刮碗子茶。回族人以茶待客，注重“轻、稳、静、洁”的饮茶礼节。“轻”指冲、刮、喝要轻，不应出声；“稳”指沏茶要稳，要准，落点准，似蜻蜓点水，不溅不溢、不漫不流；“静”指环境幽雅，窗明几净，无干扰，无噪声，可凝神品味；“洁”指茶碗茶水清洁卫生，一尘不染。

回族有茶谚说：“一刮甜，二刮香，三刮茶露变清汤。”这茶谚说的是，刮第一遍时只能喝到最先溶化的糖甜味；刮第二遍时，茶叶与佐料经过炮制，香味完全散发，此时味道最佳；刮第三遍时，只剩下茶叶淡淡的香气，只能起解渴作用。回族人认为，喝刮碗子茶次次有味，且次次不同，去腻生津，滋补强身，是一种味道甜美的养生茶。

（8）布朗族的青竹茶

布朗族在我国的主要分布地区为云南西双版纳自治州，以及临沧、澜沧、双江、景东、镇康等部分山区。布朗族人民喜欢喝青竹茶，这是一种十分便捷的饮茶方式，通常在进山狩猎或离村务农时候饮用。布朗族的青竹茶制作方式很有特点，首先要砍碗口粗的鲜竹筒一节，将竹筒的一端削尖并插入地下，随后向筒内加入泉水，将竹筒作为煮茶的器具。然后收集干树枝和树叶，将其在竹筒周围点燃，将竹筒内的水煮沸。待水沸腾后，加入适量的茶叶，煮约 3 分钟后，将茶汤倒入新竹罐中即可饮用。竹筒茶集泉的甘甜、竹的清香、茶的浓淳于一体，入口后使人久久难忘。

（9）拉祜族的烤茶

我国的拉祜族主要分布于云南澜沧、孟连、沧源、耿马、勐海一带。在拉祜语中，“拉”为虎，“祜”意为将肉烤香，因此拉祜族也被称为“猎虎”的民族。烤茶是拉祜族传统的饮茶方法，时至今日仍然在普遍沿用。饮用烤茶通常分为以下四个步骤：

①装茶抖烤：将小陶罐在火上用文火烤热，然后放入适量茶叶进行抖烤，使茶叶均匀受热，待茶叶的颜色开始转黄并散发出类似焦糖的香气时为止。

②沏茶去沫：将沸水注入小陶罐中，拨去上面的浮沫，再注满沸水，煮约 3

分钟即可饮用。

③倾茶敬客：将茶水倒入茶碗，敬奉给客人。

④喝茶啜味：因为烤茶香气足、味道浓，具有提神解乏的作用，因此拉祜族人民喝烤茶喜欢趁热而饮。

（10）哈尼族的土锅茶

哈尼族主要分布于我国云南红河、西双版纳地区，以及江城、澜沧、墨江、元江等地区。古老而简便的土锅茶是哈尼族人喜欢的饮茶方式。

哈尼族人煮土锅茶的方法十分简单，家里来了客人，哈尼族的主妇们会先用土锅将水烧开，然后在沸水中加入茶叶再煮沸约 3 分钟，随即将茶水倒入竹子制成的茶盅内敬奉给客人。除了用土锅茶待客外，哈尼族人也喜欢在劳动之余，一家人聚在一起喝茶聊天，以增进感情。

（11）基诺族的凉拌茶和煮茶

基诺族主要居住在我国云南西双版纳地区，尤其是景洪地区。他们最常见的饮茶方式有两种：凉拌茶和煮茶。

凉拌茶是一种原始的食茶方法，其历史有数千年之久。凉拌茶以现采茶树上的鲜嫩新梢为主料，加入黄果叶、辣椒、食盐等佐料，佐料的种类和数量可根据各人爱好而定。制作凉拌茶并不难，首先将鲜嫩的茶树新梢用双手捧起用力搓碎，然后放入碗内；再将黄果叶揉碎，辣椒切碎，同食盐一起放入碗中；最后加入泉水，用筷子搅匀后放置 15 分钟即可饮用。

煮茶在基诺族中更为常见。其方法是用茶壶煮水，待沸腾后将经过加工的茶叶投入壶中，再煮沸约 3 分钟。当茶叶的汁水完全溶解于水中时，便可将茶汤倒入竹筒中饮用。

基诺族聚居地的竹子生长繁茂，因此人民喜欢将竹筒作为盛具，日常可以使用，又因其端平整易放，可以带至田间在劳作时使用。人们常将竹筒的另一端削尖，这样便于饮用。

（12）佤族的烧茶

佤族主要居住在我国云南沧源、西盟等地区，也有少部分佤族人居住在澜沧、孟连、耿马、镇康等地，至今佤族人民仍然保留着很多古老的生活习惯，喝烧茶就是其中的一种古老习俗。

佤族人民喝烧茶，其冲泡方法十分独特而别致。首先，他们用茶壶将水煮

开，烧水的同时将茶叶放在一块干净的薄铁板上于火塘边烘烤，烘烤的时候会轻轻抖动铁板，使茶叶能够均匀受热。当茶叶的颜色开始变黄，并发出阵阵清香的时候，将茶叶倒入开水中，煮约 3 分钟后即可饮用。如果用烧茶来敬客时，通常会由佤族的少女奉茶。

（13）景颇族的腌茶

云南省德宏地区居住着景颇族、德昂族等少数民族，这些民族始终保留着用茶来做菜的食茶方式。

腌茶所使用的茶叶是未经加工的新鲜叶片，一般在两季进行。在制作时，要先将从茶树上刚刚采回的鲜嫩叶片洗净，用竹匾摊晾洗净的鲜嫩叶片，沥干叶子中的水分后进入腌茶阶段。腌茶时要将茶叶稍加搓揉并加入适量辣椒和食盐拌匀，将拌好的茶叶放入罐子或者竹筒中，用木棒舂紧，将口盖严。静置两三个月后，待茶叶颜色开始转黄时，茶就腌好了。将腌好的茶取出装入瓦罐，食用的时候可根据自己喜欢的口味拌入香油、蒜泥或其他佐料。

四 / 茶与艺术

（一）茶歌

茶歌这一茶文化是在茶叶生产和饮用过程中创作并传播的。茶歌以山歌和民歌为主，为茶工或者茶农在劳动的时候所创作，能够激发劳动人民的劳动热情。一般在采茶、晒茶、制茶时人们喜欢一起唱茶歌。

1. 茶歌的起源

茶歌起源的表现方式有以谣为歌、以诗为歌和茶户自创三种。以谣为歌，指歌谣先经过文人加工和处理，再配以合适的曲子形成茶歌在民间流传；以诗为歌，指茶歌的内容是古代诗词；茶户自创，即在劳动过程中，茶工或者茶农自编自创的山歌或者民歌。《茶山小调》《采茶歌》和《请茶歌》都是南方地区比较有名的茶歌。茶工或者茶农以口头的方式创作茶歌，再通过口口相传的方式流传下来，所以，劳动人民是茶歌生存与传播的土壤。

通过研究茶史资料得知，陆羽是茶歌的开创者，最早的茶歌是以诗为歌的形式表现出来的，遗憾的是没能流传下来。据《尔雅》和《韩诗章句》等历史文献记载，将诗与合适的曲子相结合可以形成美妙的旋律，因此很多人都认为诗与歌是可以相互转化的。以诗为歌的方式既有利于诗词的流传，又赋予了茶歌与其他歌曲不同的韵味。

唐朝中期茶歌盛行，根据《全唐诗》记载，流传至今的茶歌主要有“茶僧”，皎然的《饮茶歌诮崔石使君》和《饮茶歌送郑容》；“初唐四杰”之一卢照邻的嫡系子孙卢仝所著《走笔谢孟谏议寄新茶》。此外，还有“诗豪”刘禹锡的作品《西山兰若试茶歌》。在茶歌中，最为出众的是卢仝的茶歌，其被后人引用次数最多，如他的《走笔谢孟谏议寄新茶》，被王观国《学林》引用；王十朋在写《会稽风俗赋》时也或多或少引用了卢仝这首茶歌的内容。卢仝的茶歌不仅被他人引用，还被很多人传唱。直至宋朝，卢仝所著茶歌被配以章曲、器乐辅助在而加以传唱。

上述内容描述了以诗为歌的起源，将古代的诗词作品进行加工成为茶歌。另一种形式是以谣为歌，具体指歌谣先经过文人加工和处理，在配上合适的曲子形成茶歌，在民间流传。在明朝和清朝时，杭州富阳就流行《贡茶鲥鱼歌》这首茶歌，该茶歌通过问句的形式，将富阳老百姓捕捞贡鱼和采卖贡茶的场景展现出来，同时还展现了人民被欺压的现实和穷苦的生活景象。以谣为歌的茶歌主要反映了当时老百姓的苦难，在黑暗的社会中苦苦挣扎，希望能够改变现实，以及对美好未来的渴望。

茶歌的创作主体是茶工、茶农或者与茶相关的劳动者。茶农创作的茶歌主要与茶叶有关，一般描述茶农工作的场景和工作的辛苦，在茶农中广泛传播。在清朝时期，江西有很多有名的茶歌，比如“采茶可怜真可怜，三夜没有两夜眠。茶树底下冷饭吃，灯火旁边算工钱”。这首茶歌描述了茶农起早贪黑的辛勤劳作，吃不好、住不好的现实生活，茶农一般在采茶劳作时会唱这种茶歌。除了江西，浙江、四川、湖南等地也有很多茶歌流传下来。这类茶歌的曲调各异，各不相同，但是自采茶调出现后，采茶调逐渐与盘歌、山歌、五更调和川江号子平列，被纳入我国传统民歌行列。随着采茶调成为民歌格调，茶歌的内容被延伸和扩展，只要内容与茶相关就可成为茶歌，从而让茶歌的内容更加丰富多样。

2. 茶歌的发展

我国茶文化包括茶道、茶舞和茶歌等内容，茶歌的内容主要涉及茶叶及相关事物；从茶歌的发展历程来分析，茶歌发展的每个时期都各具特色。茶歌的形式广泛，包括采茶歌、抒情茶歌、锣鼓茶歌、祭祀茶歌、婚仪和丧仪茶歌、祭祀茶歌，等等，满足了各类人群的文化需求。当然，很多流行歌曲也涉及茶和相关的事物，通过描述茶来表达作者的思想感情。

（1）采茶歌

这类茶歌主要描述茶工和茶农辛勤的劳动场面和丰收的喜悦。采茶歌的创作方式以即兴创作为主，一边劳动一边创作，曲调虽然简单，但是歌词朗朗上口，深受广大茶工和茶农喜爱。歌词结构为上下句体，每句歌词由六个小节组成。采茶歌的音律成熟且完善，具有典型的民歌特征，比如“年年常作采茶人，飞蓬双鬓衣褴褛”这句就很典型。

（2）锣鼓茶歌

锣鼓茶歌能够振奋人心，鼓舞士气，人们听后会斗志昂扬。歌词内容新颖而且鼓舞人心，曲调节奏刚劲有力，激励茶农或者茶工全力工作，更重要的是这类歌曲容易上口，茶农或者茶工学习不费力，深受广大茶工和茶农喜爱。锣鼓茶歌采取两人对唱的形式，演唱时一唱一和，同时锣鼓辅助，还可以由多人演唱，一唱多和。演唱的形式多种多样，而且锣鼓辅助，演唱效果很好，很受欢迎，比如歌词如“日上山顶正偏斜，远望大姐来送盅茶，左提米泡盐蛋酒，右提一壶花椒茶，喝了盅茶再来挖”。

（3）抒情茶歌

抒情茶歌的主要对象是青年男女，在劳动过程中，通过茶歌向对方表达自己的思念和对爱情的憧憬，安徽等地流行这样的抒情茶歌。抒情茶歌一般是以男女对唱的方式进行演唱，以表达男女之情，很受年轻男女的喜爱。比如歌词“正月里是新年，郎把皇历翻几番，哥，看个好日子上茶山”。

（5）婚仪茶歌

婚仪茶歌是在婚礼现场演唱的茶歌，这类茶歌在湖北一带比较流行，男女结婚时会举行盛大的婚礼，告诉亲戚和周边的邻居他们结婚了。家庭中的长者非常重视这种形式，所以，婚礼的仪式特别讲究。在婚礼进行到敬茶阶段时，男女双方要向父母敬茶，以茶歌伴奏；婚礼进行到祭祖先时，还需要向祖宗敬茶，也是以茶歌伴奏，这样祖宗就能保佑他们白头偕老、儿孙满堂，比如歌词“说赞茶，就赞茶，我把茶籽说根芽……”

（6）节庆茶歌

在传统节日庆祝时，有些城市或者农村以会唱茶歌来庆祝，歌词的内容主要是财源广进、庆祝丰收和男女之情，比如歌词“一（罗啊火）佃茶（唷）四十二

亩（呀喂儿唷），管家面前讨价（呀啊）钱（哪嗬嘿）……”

茶歌的出现既给劳动者增添了喜悦，又使我国传统文化更加丰富多彩。茶歌开始是茶农劳作时的歌曲，然后发展为茶歌伴舞，最后茶歌与戏剧相结合，使茶歌内容异彩纷呈，形式多种多样，从而深受广大民众喜爱。

从茶歌发展历史角度分析，茶歌的发展历经了三个阶段。第一，单一的茶歌。这一阶段，茶歌是在茶工或者茶农劳动时演唱，主要形式是劳动号子、山歌、民间小调和民歌等，一般分为四个乐句，江西的采茶歌谣最为典型。第二，茶歌以载歌载舞的方式进行演出。茶农或者茶工休息时，对茶歌进行改进和加工，加上伴舞，使茶歌的表现形式更加丰富，以展现茶农生产过程和现实生活。茶歌与当地的民族歌舞相结合，就具有了独树一帜的风格。云南将茶歌与花灯曲调相结合，可谓是在茶歌基础上的一种创新；湖南将茶歌与地方花鼓戏中“七步大跳”相结合，使曲调变得更加活泼。茶歌还可分为正采茶歌和倒采茶歌，前者歌词内容以抒情为主，曲调具有平稳的特点；后者歌词主要描述生活场景，曲调则以欢快活泼为主。第三，为茶歌赋予故事情节，以戏剧的形式表现出来，将茶歌与戏剧相融合，将茶农或者茶工的劳动情景表现出来。以江西南部为例，这一地区的采茶歌既有故事又伴有舞蹈，真实地再现了茶农或者茶工的劳动场景。采茶戏一定要有伴奏，其主要的伴奏乐器有二胡、唢呐、笛子和大锣，其中过场音乐的伴奏主要是唢呐，让采茶歌别具情趣。

（二）茶舞

随着人们生活质量的逐步提高，饮茶、品茶、鉴茶活动逐渐流行开来，并且在茶艺的活动中融入了舞蹈艺术，或者在舞蹈活动中加入音乐，如此既可以促进茶文化的发展，也可以减轻人们紧张的工作情绪与生活压力。茶文化起源于我国，我国自然拥有悠久的饮茶历史。根据史料考证，神农尝百草的时候，偶然间发现了茶叶，这种说法已经被广大的专家和学者所接受。后至唐朝，茶文化已经发展到炉火纯青的地步了。

在现代生活中，饮茶已经变成了一种风尚，形成了其独有的艺术形式。基于茶文化和茶艺的长期积累，茶艺表演已经发展得非常成熟了，主要是通过演示冲泡茶叶的技巧，将泡茶饮茶的过程以一种艺术的形式展示出来，其过程更加科学性、艺术性。如果在现代生活中配以更加优雅的茶文化环境，人们更易在精神上得到满足。

随着社会的不断发展，茶文化逐渐与多种艺术形式相结合，而茶文化与舞蹈的结合就是其中之一。茶篮灯作为赣南客家族独树一帜的灯彩，自其形成之日就成为了客家新春歌舞专用灯。以一男丑角手捧宝伞灯，四旦角手捧茶篮灯，人们在传统客家管弦乐的伴奏下，载歌载舞。基本舞步有穿对角、押篱笆、绕八字、占四方等。由于角色的差别，表演时男女舞步各有特点，如《倒采茶》的手帕转花、四方手帕花、左右摆和穿插花四个动作都十分富有乡村妇女的生活气息。男性主要有摆、矮、弓、跳四个基本功作，用以表现舞姿的轻松、活泼、粗犷和稳重。

我国的气候特征适合名茶的种植，其中西湖龙井、洞庭碧螺春、信阳毛尖、庐山云雾等最久负盛名。在采茶的历史中，各地的劳动人民都发展出了当地的特色文化，其中最具代表性的，就是人们运用自己的智慧把舞蹈融入茶艺中。

（三）茶曲

乐理是音乐的必要元素，是音乐诞生的基础。任何音乐都或多或少地包含着乐理的某些元素，无论是音阶、音程还是音高，每一因子对于音乐的塑造而言，均具有难以言喻的价值。我国作为茶的故乡，茶乐发展史可谓源远流长。从繁忙的茶事活动中分离出来的茶音乐，经过不断的传承与发扬光大，变得越来越深沉厚重。茶音乐有多种形式，茶歌、茶谣与采茶戏都是茶音乐的具体表现形式，并且以口口相传的形式流传至今。

我国传统茶文化与音乐极为类似，它以茶香作为载体，同样无须其他语言作注释，通过茶香即能令人倾心品味，从茶香中体悟到高深的精神境界，不受时空、地域或信息所束缚。我国传统茶文化与音乐在信息传达方面存在共性点，两种不同形式的文化在理解方式上可以共融，关联性极强。因此，我们可以将二者

充分结合，相互借鉴好的一面，让音乐学习实现跨越由理论到实践的“二级跳”。然而，随着时代的发展，音乐格局也不断变化，茶音乐中的乐理元素与当前现代音乐的发展潮流不相符合，也难以满足大众的音乐鉴赏品味与欣赏水平的需求。茶音乐大多是以茶事活动为原型而进行创作的，其反映的是昔日茶农的日常生活，由于与我们现在的生活状态相距甚远，故难以引发大众的共鸣之情，自然也不受公众待见。同时，茶音乐大多是以茶文化为指导而形成的，茶乐中的曲调、旋律与歌词都会在不同程度上受到茶文化的影响，因而茶音乐中的茶文化特性极为鲜明，进而降低了听众对于茶音乐的艺术审美的趣味性。音乐与我国传统茶文化在韵律方面也存在共性点，尤其是两种文化形式在音乐方面的内在韵律，我们也可将茶艺表演定义为时间流动艺术，这有助于我们更为直接地理解与体会表演的艺术性。

（四）茶画

茶画，即以茶为题材的绘画和与茶有关的绘画作品。胡丹在《茶艺风情——中国茶与书画篆刻艺术的契合》中提出，茶题材绘画主要指各个时期中国画中有关描绘茶事、煮茶、品茶、茶具等内容的作品。这些作品从多层次、多方面、多角度再现了我国古代不同时期、不同阶层、不同地区人们的品茶习俗与趣味等。黄仲先在《古代茶文化研究》中提到茶叶文化艺术，并指出所谓茶叶文化艺术，是以茶为题材或者与茶叶有关的文学艺术，包含诗歌、散文、小说、戏剧、书画等各种题材和艺术表现形式。我国茶文化兴于唐，茶画大约于此时开始出现。通过对唐、宋、元、明、清五个时期茶题材绘画作品的整理分析，中国古代茶题材绘画中饮茶作为一种精神象征，从萌芽到成熟的发展脉络，或者说茶画中文人意趣的发展过程，可以归纳为：唐时期，饮茶只是作为记事情节出现在绘画作品中，从侧面表现饮茶在文人贵族中的文化地位，尚未体现茶的某种精神指向；宋元时期，茶画中的文人意趣逐渐显露，虽不乏记录生活民俗的题材，但在背景描绘上已颇为用心，茶饮所特有的文化内涵逐渐体现在创作中，由反映奢侈的上层享受向反映隐逸的文人情趣不断过渡；明清时期是茶题材绘画中文人意趣真正的发展时期，文人的特有趣味融入画中，追求雅趣，茶画中常将山水与人物相结合，从而出现了茶题材绘画创作的繁荣兴盛。

1. 茶画的发展

茶画，在中国茶文化里有着独特的艺术魅力，为广大茶人所青睐，从表达方式上来看属于传统水墨国画，但是从内容上细分，它又可归属于文人画。相较于酒，饮茶是一大雅事，特别是好茶的生长地，多是绿水青山云雾缭绕之境，这在中国传统山水画家的心里特别有共鸣感。明朝许多画家都喜欢在山清水秀的大自然中品茶，比如“吴门四家”的茶绘就非常有代表性，文徵明的《惠山茶会图》、唐寅的《事茗图》等，基本都是描写山水之境下的茶人生活情趣，或饮茶，或烧水，等等，闲情逸致，乐在其中。

从制茶到饮茶，我国茶文化博大精深、源远流长，不但有精神层面的文化渗透，也有物质方面的享受。若说诗词是茶文化的推动者，画作则可以算是茶文化的写照。茶与画的结缘，在中国茶文化史上非常值得大书一笔，茶有禅意，不少画家借绘画来表现深邃的人生哲理，从而让作品耐人寻思。在我国，茶文化的发展处于上升趋势时，文人雅士以诗词歌赋赞颂茶的不在少数。作为画家，爱茶也不能落后，很多画家更是将煮茶、品茶等用绘画形式记录，令人更加直观地感受到我国古代茶文化的鼎盛。

我国人物画家主张以形写神、形神兼备。他们在创作时，往往紧紧抓住有利于传神的眼神、手势、身姿与重要细节，强调主次分明，有详有略，详于传情的面部手势而略于衣冠，详于人物活动及其顾盼呼应而略于环境描写。在人物活动与环境景物的关系上，抒情性作品往往借助意境氛围烘托人物情态，叙事性作品采取横幅或长卷构图，尤善以环境、景物或室内陈设划分空间，采用主体人物重复出现的方法，把发生在时间过程中的事件一一铺叙，突破了同一时空的局限。

物体景象画与人物画相对比，更加侧重于对饮茶环境进行描绘。齐白石的《茶具梅花图》就特别具有想象力，一枝梅花，两只茶杯，一个大茶壶，使人不禁联想到画中之情、画外之音——两位知音好友一边品尝香茗，一边观赏红梅白雪。主人、客人俱入画境中，这种以实写虚，突出意境的创作形式，简单却不平淡，意味深长。

茶画主要以山水人物，同时融入饮茶活动为内容，这种极具民族地域特色、

具有独特的文化特色的绘画艺术，已越来越受到人们的关注，很多喜爱茶画艺术的研究者开始对其深入地进行研究，以期从中发现更丰富的思想内涵与审美价值。

2. 古代茶事绘画题材

在中国古代，文人墨客可以用茶来表明自己淡泊的心志，也可以用茶来参禅悟道。煮茶时，讲究水要轻舀慢煮，断不可鲁莽，以免弄伤了水。在我国绘画史上，有许多关于用茶、品茶、斗茶的图画，表现了我国茶人积极乐观、谦虚礼让的精神，也就是“和”的精神。古代文人聚会，在吟诗作对的同时，往往少不了品茶，而在一般老百姓的日常生活中，茶也扮演着极其重要的角色，因此茶经常是入画的题材。品茶的地方如果挂上一幅应景的画，可以营造出一种雅致的品茶意境。中国古代有不少与茶为题材的绘画，其中以唐朝作品居多。

《萧翼赚兰亭图》原画为唐朝大画家阎立本所作，现已佚，仅存宋摹本。该图根据唐何延之《兰亭记》故事所作，描绘唐太宗御史萧翼从王羲之第七代传人僧智永的弟子辩才手中，将“天下第一行书”《兰亭集序》骗取而后献给唐太宗的故事。画作中，萧翼正在向辩才索画，萧翼扬扬得意，老和尚辩才张口结舌，失神落魄，旁有两个仆人在茶炉上备茶。画中各人物表情刻画入微，人物表情生动，造形写实，画家利用丰富的肢体语言，将当日的紧张情势，描绘得丝丝入扣，保留唐朝古风，当为难得的宋朝摹写之作。

《撵茶图》为工笔白描，描绘了宋朝从磨茶到烹点的具体过程、用具和点茶场面。画中左前方有一仆役坐在矮几上，他正在转动茶磨磨茶。旁边的桌上有筛茶的茶罗、贮茶的茶盒、茶盏、盏托等。有一人正伫立桌边，提着汤瓶在大茶瓯中点茶，然后到分桌上小托盏中饮用。他左手桌旁有一风炉，上面正在煮水，右手旁边是贮水瓮，上覆荷叶。一切显得十分安静、整洁有序。画面右侧有三人，一僧伏案执笔作书，一人相对而坐，似在观赏，另有一人坐其旁，双手展卷，而眼神却在欣赏僧人作书。这些画面生动地展示了贵族官宦之家讲究品茶的场面，是宋朝点茶的真实写照。

斗茶始于唐而盛于宋。它是在茶宴基础上发展而来的一种风俗。斗茶，即比赛茶的优劣，又名斗茗、茗战。它是古代有钱人的一种雅玩，具有很强的胜负色彩，富有趣味性和挑战性。每年清明节期间，新茶初出，最适合参斗。古人斗茶，或五六人，或十几人，大都为一些名流雅士。争相围观的常有店铺的老板及街坊等，观斗茶就像现代看球赛一样热闹。斗茶的场所，多选在有规模的茶叶店中，前后二进，前厅阔大，为店面，后厅狭小，兼有小厨房，便于煮茶。有些人家若有较雅洁的内室，或花木扶疏的庭院，或临水，或清幽，都是斗茶的好场所。

作为爱茶画家，赵孟頫曾创作斗茶作品，他的《斗茶图》更是生动形象地描绘了斗茶的场景。图中有四位人物，两人为一组，左右相对，每组中的长髯者均为斗茶的主战者，各自身后的年轻人在构图上都远远小于长者，他们是徒弟一类的人物，属于配角。图中左面是年轻者持壶注茶，身子前倾，两小手臂向内，两肘部向外挑起，姿态健壮优美活力；年长者左手持杯，右手拎炭炉，昂首挺胸，面带自信的微笑，好似已是胜券在握。右边一组，其中的长者左手持已尽之杯，右手将最后一杯茶品尽，并向杯底嗅香，年轻人则在注视对方的目光时将头稍稍昂起，似乎并没有被对方的踌躇满志压倒，大有一股鹿死谁手，尚未可知的神情。图中的这两组人物动静结合，交叉构图，神情顾盼相呼，栩栩如生，人物与器具的线条十分细腻洁净。

茶与饮茶都源于中国，因此中国人对茶的精神更为敏感和深沉，在饮茶的精神生活方面也有别于世界其他民族，没有其他民族的那种实用功利主义，从而使茶事具有了更多精神化、人格化层面的活动性质。茶文化的内涵其实就是中国文化内涵的一种具体表现。中国素有礼仪之邦的称谓，茶文化的精神内涵即是通过沏茶、赏茶、闻茶、饮茶、品茶等方式，与中国的文化内涵、礼仪相结合形成的一种具有鲜明中国文化特征的文化现象，也可以说是一种礼节现象。在这里，茶就是一种精神，饮茶就是自我人格的某种象征，进一步说，茶风味就是人生、社会、自然界中蕴藏的韵味。中国人在对茶叶的饮评中，通过类比、联想和移情的作用，感受到了茶道精神。在这里，人、茶、饮茶环境是相通的、统一的，因此对饮茶的环境、时间、礼仪等方面都有着独特的习俗。中国人爱饮茶，也好饮茶。自古以来，中国人饮茶并非单纯的饮茶，而是追求一种可以满足身心享受需求的饮茶氛围和饮茶环境。中国茶人对饮茶环境的要求是较为严格的，不仅需要有视觉上的享受，如明月清风、竹林小溪等自然元素，还需要有味觉上的享受，要使茶类的选择与周围的环境相统一，对听觉享受更是有较高的要求，如背景音乐的选择。在品茶环境中，听觉、视觉与味觉是要统一而融合的，是要协调而一致的。如此才能够互相烘托，相得益彰。

五 / 茶与宗教

（一）茶与佛教

史称“茶兴于唐，盛于宋”。唐朝茶叶的兴盛，是在佛教特别是禅宗发展基础上风盛起来的。据《封氏闻见记》称：“开元中，泰山灵岩寺大兴禅教。学禅务于不寐，又不夕食，唯许饮茶，人自怀挟，到处煮饮，从此转相仿效，遂成风俗”。“禅”是梵语“禅那”的音译，汉语“修心”或“静虑”的意思。闭目静思，极易睡着，所以坐禅唯许饮茶。由上可知，正是因为北方禅教的“大兴”，促进了北方饮茶的普及，而北方饮茶的普及，又推动了南方茶叶的生产，从而推动了我国整个茶业的较大发展。但茶并不是在唐开元以后才与佛教产生联系的。事实上，在魏晋甚至更早的时候，茶叶已成为我国僧道修行或修炼时所常用的饮料了。如陆羽就曾经在《茶经》中多次引述两晋和南朝时期僧道饮用茶叶的史料，其中引录的《释道该说续名人传》称：“释法瑶，姓杨氏，河东人，水嘉中过江，遇沈台真君武康小山寺，年垂悬车，饭所饮茶。”又摘引《宋录》称：“新安王子弯，豫章王子尚，诣县济道人于八山，道人设茶茗，子尚味之曰：‘此甘露也，何言茶茗？’”等，摘录表明在魏晋南北朝时，我国僧道，至少江淮以南寺庙中的僧道，已有尚茶风气。但佛教和茶业历史发展相联系，茶叶广泛饮用于佛教僧徒和受佛教的积极影响，都还是发生在唐朝中期以后。

自古以来，我国茶文化和佛教就有着紧密的联系，茶文化和佛教是一种相互促进，共同发展的关系。佛教中，尤其是禅宗在进行活动时，十分需要茶叶的帮助，这种习惯又进一步促进了我国茶叶事业的发展。在我国禅宗中，坐禅十分讲究外部环境，要求坐禅人处于一个相对安静的环境，并且要求坐禅人饮食睡眠等都处于一个相对稳定的状态。而饮茶正好可以促进这种状态的达成。到了后来，佛教僧徒甚至采取了一些极端手段，比如假造神话等来将茶塑造成佛祖的功绩和僧人的功劳，这可谓是移花接木。

茶树的起源也是人们一直所好奇和探讨的一个点，在日本民间，有一个关于佛教创始人达摩的神话故事：有一天，达摩正在静坐冥想，在冥想之中却睡着了，醒来之后的达摩十分悔恨，割去了自己的眼皮，但当达摩的眼皮落到地上的时候，在眼皮所及之处竟长出了一株婆娑大树。这就是茶树的起源，而这棵树上长出的叶片便是茶叶。人们将叶片摘下煮着喝，竟然感觉神清气爽，从此以后，茶便普及开来。我国的茶叶又是从何时，怎么样发展起来的呢？ 20 世纪 30 年代，在美国出版的一部《茶叶全书》中，对此有这样一段记载：中国有一个叫迦罗的僧人，“于魏代由印度研究佛学归来，携回茶树七株，栽培于四川之泯山”。书中把我国的茶树，隐约说成是由印度引种，实属无稽之谈。我国清人笔记《陇蜀余闻》中记述：蒙山“上清峰，其巅一石，大如数间屋，有茶七株生石上，无缝罅，云是甘露大师手植”，以及《亦复如是》名山县蒙顶，“有茶七株……名曰仙茶，云系甘露大师俗性吴所手植者，其种来自西域”等形成。其中的迦罗指甘露；泯山是名山或蒙山的音译。众所周知，茶源于中国，世界各地种茶、制茶、饮茶乃至茶俗等，都直接或间接由中国传入，佛教在传播过程中起到了很大作用。

茶叶在佛教各大宗派中拥有较高的地位，也正因如此，渐渐发展出了一些由茶命名的法器，同时在一些重要场所，茶也成了用来招待客人的最佳饮品。同时，由于佛教对茶非常重视，一些寺庙中就出现了茶鼓这样的装置。

由于茶文化和佛教的关系紧密，所以出现了许多庙内种茶、众僧人饮茶的现象。这在我国古代诗人的创作中也有所体现，如刘禹锡的《西山兰若试茶歌中》：“山僧后檐茶数丛，春来映竹抽新茸。宛然为客振衣起，自傍芳丛摘鹰嘴。斯须炒成满室香，便酌砌下金沙水。”在中唐时期，几乎是所有寺院，院前院后都种满了茶叶，而僧人们也以种茶为乐，自产自饮。或因如此，唐朝之后的史书记载

中，茶文化的出现频率也变高了，如诗僧齐已在《闻道林诸友尝茶因有寄》诗中吟："枪旗冉冉绿丛园，谷雨初晴叫杜鹃。摘带岳华蒸晓露，碾和松粉煮春泉。"郑巢在《送琇上人》诗中描绘了绝妙的意境："古殿焚香处，清羸坐石棱。茶烟开瓦雪，鹤迹上潭冰。"刘得仁在《慈恩寺塔下避暑》中云："僧真生我静，水淡发茶香。坐久东楼望，钟声振夕阳。"曹松《宿溪僧院》也有"少年云溪里，禅心夜更闲；煎茶留静者，靠月坐苍山"的诗句。从这些史料中不难看出，唐朝寺庙饮茶的时间，从初春到寒冬，终年不辍；在一天的时间中，从早到晚，从日落到深夜，所谓"穷日继夜"。

以饮茶场合来说，如牟融《游报本寺》诗句中有："茶烟袅袅笼禅榻，竹影萧萧扫径苔。"李嘉祐的《同皇甫侍御题荐福寺一公房》诗吟道："虚室独焚香，林空静磬长。"武元衡《资圣寺贲法师晚春茶会》中有诗句："禅庭一雨后，莲界万花中。时节流芳暮，人天此会同。"还有李中《赠上都先业大师》的"有时乘兴寻师去，煮茗同吟到日西"，以及黄滔的"系马松间不忍归，数巡香茗一枰棋"等诗句，都反映唐朝寺庙中不只诵经、坐禅、做功时要饮茶，饭店、纳凉、休息、吟诗、下棋等很多场合都离不开茶。正是因为这样，唐时赵州高僧从稔禅师有一句口头禅叫"吃茶去"。赵州在北方，北方寺庙中饮茶已如此普遍，此时南方各寺庙中饮茶之盛也可想见。吕岩《大云寺茶诗》一诗中这样描写："玉蕊一枪称绝品，僧家造法极功夫。"我国寺庙不只极重茶叶、需要茶叶，也是生产茶叶、研究茶叶和宣传茶叶的一个中心。

唐朝时，陆羽被寺庙领养，他对茶的最初的理解和兴趣自然是来自寺庙。而在中国茶业发展中发挥重要作用的《茶歌》，便是由陆羽的好友诗僧皎然所作。除了许多代代相传的茶诗外，他还撰写了研究茶艺、烹饪和饮茶的一本著作——《茶经》。另一个例子是唐朝的贡茶园，那里是湖州紫笋和沧州大海等贡品的产地，当时我国茶叶制造的技术中心位于今浙江顾渚。

（二）茶与道教

道教起源于我国，是我国的本土宗教，最初在先秦形成。道教的主要代表是老子和庄子。从广义上讲，道教主义包括作为学派的道教主义和作为宗教的道教主义。在道教中，通过药物来维持身体健康，称为“养生”，养生是道教的一个主要修炼方式之一。道教中服食的主要产品有金石、草木等，道教中人企图通过这些来达到长生不老的目的。而茶则是治疗疾病，供给身体营养，延长寿命的草药之一。

我国饮茶最初是源于古巴蜀，将早期接触到的茶叶视为“仙药”。有传说黄帝在黄山喝着茶修仙练道时，就表现出了不凡的面貌。“神农尝百草，日遇七十二毒，得荼而解之。”（《神农本草经》）“茶之为饮，发乎神农氏。”新农业之神炎帝是被道教所推崇的神，在中国人眼里，他也是茶的祖先。在中国历史发展的进程中，许多著名的道教人士都是茶的爱好者，与茶有着不可分割的纽带感，例如被称为“葛仙翁”和“左仙翁”的葛玄、陶弘景、丹丘子等，都对茶叶有着不浅的造诣，并且与追求永久性的精神生命有关，由此可以看出茶是灵魂文化的一部分。

在唐朝以前，道教中关于饮茶、种茶等的记载，比儒教和佛教更多一些。比起儒教和佛教，道家对喝茶的效果有着更深刻的理解。两晋南北朝时期，知名人士对于饮茶的方式和疗效大肆进行宣扬，这样的宣传力度给后来茶文化的发展奠定了基础，成为茶道意识形态的基础。

道教的“道”和“自然”也开始渗入茶文化的精神中，其虚静和静谧的自然，与茶的本质非常一致，道教人性化的自然思想对中国茶道产生了很大的影响。“人化自然”首要表现在通过喝茶来熟悉自然、通过思想和感情与自然进行沟通、个性上与自然进行比较、通过练习茶事来理解自然规律。这种人性化的本性是道家“天地共存，万物与我齐聚一堂”的典型例子。因此在中国人眼里，本质上一切事物都是具有人性、情感，都是与人的心灵沟通的活体。品茶的时候要热爱山河、忘情山水、心神合一，这样才可以增添饮茶的趣味，提高饮茶的品位。

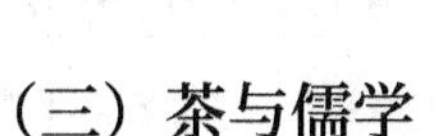

（三）茶与儒学

经过漫长的发展，我国茶文化逐渐成为人们精神文化生活中不可或缺的一部分。茶不仅仅是某个场合的饮品，它还充斥于人们的日常生活中，是我国人民物质文化生活不可或缺的一部分。而在对茶文化的研究中不难发现，茶文化同儒家思想也有着紧密联系。

儒家文化的思想表达重在礼仪。儒家的礼教可谓是建立于中庸之道上。秉承着儒家文化的茶人，其茶文化也体现着这种精神。在儒家茶人的心里，茶是一种高贵的、醇厚的物件，而饮茶的人也应该保持着一种平静的心态去对待它。儒家文化中的中庸之道，便是茶人一直追求着的真理和情趣。陆羽在《茶经·之源》中指出："茶之为用味至寒，为饮最宜精行俭德之人。"把饮茶作为"精行俭德"、进行自我修养、锻炼志向、陶冶情操的重要环节，倡导一种茶人之德，宜俭宜廉，也就是一种理想人格的塑造之道。

儒家茶文化代表一种中庸、和谐、积极入世的儒教精神，其间蕴含着宽容平和与绝不强加于人的心态，茶道以"和"为最高境界，充分说明茶人对儒家和谐或中和哲学的深切领悟。实际上，儒家茶文化所注重的人文思想，所谓高雅、洁雅志、廉俭等，都是儒家茶人将中庸、和谐引入茶文化的前提，只有好的人格才能实现中庸之道；只有高度的个人修养，才能导致社会的完美和谐，通过饮茶而营造一个人与人之间和睦相处的和谐空间。

儒家的"和"与"敬"及其人生态度，也是儒家茶文化中的一个重要范畴。"客来敬茶"是儒家思想主诚、主敬的一种体现。儒家正是以"茶德"作为茶文化的内在核心，形成了民俗中一套价值系统和行为模式，对人们的思维乃至行为方式具有指导和制约作用，充分再现儒家茶文化的化民成俗之效，推动茶文化的全面兴盛与发展。

儒家茶文化也讲"道"，但已并非完全意义的"自然"之"道"，而是"以茶利仁"之道，故儒家茶文化同样讲"以茶可行道"。儒家从"洁性不可污"的茶性中吸取灵感，应用到人格思想中，认为饮茶可自省、可审己，只有清醒地看待自己，才能正确地对待他人。

茶与儒教的融合，衍生出茶文化；茶与道教融会，派生出养生之道；茶与佛教混合，使饮茶溢出禅意来。长久以来，形成了茶礼、茶德、茶俗、茶道及至茶宴、茶禅、茶食等一套道德风尚和民俗风情。饮茶可以解热止渴、消食除毒、益思少睡、兴奋解倦、清肺化痰、利尿明目、灭菌疗疾、增加营养，功效良多。茶叶的作用，见于古籍，载于《本草》，并为现今科学所证实。所以茶既是人们物质生活的饮料，也是人们精神生活的一大享受，是人们文化艺术的一种品赏。我国茶文化中最核心的部分是儒家思想，饮茶同中庸、伦理道德等都有所关联。民间饮茶同儒家文化中所表达的乐感文化也有所关联，有所沟通，甚至儒家文化中的秩序、仁爱等，都一一包含于茶文化当中。从宏观来看，饮茶可以用以治国，从茶味中品味人生，从茶之味到人生之味，最后升华到宇宙之味，这样的一层层的递进，便是饮茶中最常见的三种境界。

六/茶具

茶具的发展，伴随着茶“药用—食用—饮用”的演变，经历了一个从无到有、从共用到专一、从粗糙到精致的历程。茶具的发展历程不仅是一种文化的发展过程，也是人们饮茶环境和饮茶方式发展的表现形式。随着“茶之为饮”逐渐形成，茶具应运而生，并随着饮茶的普及、茶类品种的丰富、饮茶方法的不断改进而发生变化，制作技术也不断得以完善。

（一）隋及隋以前的茶具

一般认为我国早期并没有专门的茶具，而是与酒具、食具共用，这种器具是陶制的缶，是一种小口大肚的容器。按现有史料记载，我国最早谈及饮茶所使用器具的史料是西汉王褒的《僮约》，《僮约》中谈到“烹荼尽具，已而盖藏”（这里的“荼”指“茶”，“尽”为“净”）。《僮约》原本是一份契约，契约中要求家僮烹茶之前，洗净器具的条款，这便是在我国茶具发展史上最早谈及饮茶用器具的史料。但是，明确表明有“茶具”意义的最早文字记载，则是西晋左思（公元250年—305年）的《娇女诗》，其内有“心为茶荈剧，吹嘘对鼎”。这里的“鼎”则为茶具。唐朝陆羽在《茶经·七之事》中引用《广陵耆

老传》中的记载：晋元帝时，“有老姥每旦独提一器茗，往市鬻之。市人竞买，自旦至夕，其器不减”。随后，《茶经》又引述西晋八王之乱时，晋惠帝司马衷（公元 290 年 — 306 年）蒙难，从河南许昌回洛阳，侍从“持瓦盂承茶”敬奉之事。这些文献记载都说明我国在隋唐以前、汉代以后，尽管已有专用茶具出现，但食具和包括茶具、酒具在内的饮具之间，区分并不十分严格，在很长一段时间内两者共用。

（二）唐（含五代）茶具

唐朝的茶文化历经东晋到南北朝的饮茶文化积淀，又受到当时相对稳定和繁荣的政治、经济、文化影响，实现了比较显著的飞跃发展，使“茶为食物，无异米盐”。与茶文化同步繁荣发展的是茶具，唐朝中期开始出现了专用的茶具，品种繁多，如茶碗、茶托、茶瓶等。同时，唐朝的茶多制作成茶饼，饮用前需碾末，并根据茶饼的成色不同选用不同的茶具和煎茶手法，如煎茶法不用茶瓶等。到唐后期，煎茶法逐渐被点茶法取代。

唐朝茶具主要包括烹煮器、点茶器、碾罗器、贮盐器、饮茶器。唐朝遗物中，成套的风炉和茶具很少，现存最早之例或为河北唐县出土的五代邢窑烧制的一套白瓷茶具。而陕西扶风法门寺地宫出土的成套唐朝宫廷茶具，也有助于后人对于唐朝茶具及茶文化进行研究。

（三）宋（含金、辽）茶具

2008 年河北宣化出土了一批辽代墓葬，其中，根据七号墓壁画中的点茶图可以看出，与唐朝茶文化不同，宋朝茶文化在饮茶方法上发生了重要的转变，传统的煎茶法因其显现出的弊端和与宋人生活方式的不相容性，逐渐被点茶法所替代。

进入宋朝，虽然点茶法逐渐取代煎茶法成为了主流的饮茶方式，但是需要说明的是，抛开不同社会时期的主流饮茶方式，沿用至宋朝的煎茶法和点茶法，均来源于唐朝，因此，宋朝茶具中，除增加了磨末用的茶磨外，其种类与唐朝相比并没有很大的区别，只不过相对于唐朝而言，宋朝茶具在造型和工艺上做出了更多的尝试，取得了较大的发展。

（四）元朝茶具

在我国古代茶文化发展史上，唐宋和明清是两个高峰阶段，但是元朝茶文化的过渡意义同样不容忽视。一方面，元朝茶文化继承了唐宋以来的传统，比如采用点茶法饮茶；另一方面，元朝茶文化也有独特的创新，比如采用沸水直接冲泡散茶的饮茶方式，为明清茶文化的鼎盛开辟了新的途径。这一点虽然无专著论证，但在传承至今的诗词、书画中仍有迹可循。

元朝是由蒙古贵族建立起来的庞大帝国，作为入主中原的游牧民族，其豪放、不拘小节的民族特点直接决定了其对宋朝文雅之风的鄙夷，因此元朝饮茶方法摒弃了复杂繁复的流程，直接代之以流程简洁的冲泡散茶，元朝茶具也逐渐从宋朝崇金贵银的奢靡风向崇尚自然的简约风过渡。而关于这一点，可以从元朝诗作中的具体描绘以及出土的冯道真墓壁画中的场景中，得到很好的验证。

（五）明朝茶具

宋元时期，除贡茶仍采用团饼茶外，散茶在民间俗饮中已经得到了广泛的普及。到了明朝，随着技术的革新、统治者的政策支持等，各种茶类都取得了全面的发展，形成了自己的时代特色。其中尤以条形散茶的全面覆盖为代表，饮茶方式也实现了直接用水冲泡，而在唐宋时期比较盛行的饮茶工具和部分茶叶样式，则慢慢被淡化了。

至今为止，日常生活中常见的茶具品种大多来自明朝，只是在茶具质地或样式上略微有所创新。虽然明朝茶具以简便著称，但也有特定的要求，讲究制法、规格，注重质地，特别是新茶具的问世，以及茶具制作工艺的改进，比唐、宋时期又有很大的发展。此外，明朝始创饮茶之前，还有需要淋洗茶的茶俗，至于饮茶器具，在不同时期的史料中又有不同的记载，其中高濂《遵生八笺》中列有16件，另加贮茶器具7件，合计23件，文震亨的《长物志》中也记载称“吾朝”茶的“烹试之法”“简便异常”；明朝张谦德的《茶经》中，重要的有一篇“论器”，文中提到当时的茶具只有茶焙、茶笼、汤瓶、茶壶、茶盏、纸囊、茶洗、茶瓶、茶炉9件，这些史料都具有参考价值。

（六）清朝茶具

清朝时茶类有了很大的发展，形成了完善的绿茶、红茶、乌龙茶、白茶、黑茶、黄茶六大茶品体系，但仍旧以条形散茶的形式存在，基于此，清朝饮茶方式与元朝、明朝并无差异，以直接冲泡的饮茶方式为主，这也就决定了清朝茶具的传承性，基本上并没有在种类和形式上，与元明有很大的区别。清朝茶具精品以茶盏、茶壶为代表，以景德镇的瓷质茶具与宜兴的陶质茶具为典型，盖碗是清朝茶具中的精品，传承至今。

江西景德镇的瓷质茶具在清朝享誉盛名，甚至受到了其他国家的肯定和认可。除了青花瓷、五彩瓷茶具外，清朝工匠还初创了粉彩、珐琅彩茶具。与景德镇瓷茶具齐名的是宜兴紫砂壶茶具，二者交相呼应，被奉为“景瓷宜陶”。宜兴紫砂壶中的代表当属“曼生壶”和“粉彩茶壶”，曼生壶是由陈曼生设计的“十八壶式”，由杨彭年、杨凤年兄妹制作，最后由陈曼生用竹刀在壶上镌刻文字或书画。宜兴紫砂茶具在工艺和品质上的完善，使传统紫砂壶工艺迈入了新的发展阶段。

（七）现代茶具

进入现代，饮茶文化已经成为了一种大众生活文化，以冲泡饮茶方式为主，雅俗共赏，老少皆宜，甚至一些专门针对茶文化的研讨会此起彼伏。现代茶具与我国古代茶具相比，除保留了传统茶具的特色外，又增加了新的内涵。主要表现在以下方面：

第一，质地多种多样。现代茶具做工越来越精细，对质量的把控越来越严格，在质地的选择上，既包括古代茶具中曾使用的金银质地、竹木质地、水晶质地、玛瑙质地等，又增加了玉石、大理石、陶瓷、玻璃、漆器、搪瓷等新质地的茶具。

第二，款式多种多样。现代生活节奏比较快，生活压力比较大，茶具与这种时代特点相结合的结果，就是出现了以同心杯、飘逸杯等为代表的、便于人们使用的款式。

第三，现代化。茶具的现代化特征则是茶具与时俱进的表现。

第四，仿古化。现代茶具发展的重要环节就是对传统茶具和传统茶具制作工艺的借鉴、使用和恢复，使现代茶具兼具现代化和传统化的特色。

七 / 茶与茶艺

（一）唐朝的煎茶茶艺

煎茶是唐朝富有时代特征性的茶艺。唐人煎茶时，饼茶须经炙、碾、罗三道工序，接着取火、择水、侯汤，“三沸之后酌茶、啜饮”。值得注意的是，唐时茶器具已与食器、酒器分离，出现了专用茶器具，陆羽在《茶经·四之器》中详细记载了24种茶器具。唐朝常伯熊进行茶艺表演时穿黄衫、戴乌纱帽、手执茶器进行讲解，已具有观赏性，丰富了茶文化物态文化层内容。

（二）宋朝点茶、斗茶、分茶技艺

点茶、斗茶、分茶是技术性的，更是艺术性的。点茶有一定程序，过程中讲究动作优美协调，使其成为一种具有表现性的自我意识展示。斗茶的每道技术工序都呈现出一种富于力度的动态美，讲究茶质要佳，茶色贵白，茶香贵真，茶味贵甘，所用茶盏宜黑宜精，所选泉水宜洁宜净。尽管斗茶的初衷是评比出优质茶叶作为贡茶，但斗茶者看到的是美的色彩，听到的是美的韵律，获得的是美的感受。

宋朝“分茶”是煎茶后将茶汤倒入盏碗中击拂，以汤面幻化出花鸟书画等为特色。分茶是在点茶茶艺基础上，进一步体现出的娱乐性和欣赏性，达到了非常人所能企及的程度。宋朝茶艺的种种特色，带来了宋朝茶文化的物态文化层鲜明的时代性特征。宋朝茶艺兴盛，从茶香氤氲中可窥见宋王朝的时代文化精神。

（三）明朝瀹饮茶艺

明朝变革是在特殊的社会历史机缘下产生的。唐宋时已有炒青工艺，并在明朝被推广，进而成为制茶主流。公元 1391 年，明太祖朱元璋下令废除团茶而兴散茶，散茶的推广、明朝瀹法的出现是我国饮茶由繁变简的重要历史转折点。从此，人们不必将茶先压成饼，再碾成末，只要将茶叶置于茶壶、茶盏中，用沸水冲泡即可。袁枚的《随园食单·茶酒单》记录了武夷岩茶泡饮法：小壶，小杯，嗅香、试味，徐徐咀嚼，描摹出今天工夫茶艺的原型。到了清朝晚期，工夫茶艺已经很成熟。其主要程序为：煮水、温壶、置茶、冲泡、淋壶、分茶、奉茶。工夫茶艺的特别之处不仅在于茶具器皿配备精良，以一定程序烹制，还在于调动眼耳鼻舌玩味，在泡茶品饮过程中，行为的从容预示内心的和谐，内心的和谐进一步成就生活秩序，从而提升饮者的修养境界。

另外，明朝炒青制法日趋完善，使茶的香味得到更好的保留。明朝茶艺的变革还改变了唐以来的品茶情趣，因为泡散茶，杯中的茶汤没有“乳花”之类可欣赏，品尝时更看重茶的本香与本味。茶艺流程简化后，明清茶人更讲究品茗的氛围，讲究人与环境、人与自然的和谐，最大限度地发挥茶艺的艺术功能，也表现出明清时期的茶文化深受古代哲学观念的影响。

八 / 茶与茶人

“茶人”一词，最早出自唐朝诗人皮日休、陆龟蒙的《茶中杂咏》。“茶人”原指直接从事茶叶加工的人，后又发展成从事茶叶生产贸易、茶叶科研的人。如今，茶人的概念分为三个方面：一是专事茶的人，包括专门从事茶叶栽培、采制、审评、检验、教育和科研人员等；二是与茶业相关的人，包括茶叶器具的研制、茶叶医疗保健和科研人员；三是从事茶史研究、茶文化宣传和茶艺表演以及饮茶之人。

（一）唐朝茶人

陆羽（733—804年），字鸿渐，一名疾，字季疵，号竟陵子、桑苎翁、东冈子，唐复人州竟陵（今湖北天门）人。陆羽一生嗜茶，精于茶道，著有世界上第一部茶叶专著《茶经》，被奉为茶仙、茶圣、茶神。陆羽一生充满传奇色彩，他本为弃儿，后为竟陵龙盖寺高僧智积将他收留。智积以文《易》占卜，为其取名，得《渐卦》曰：“鸿渐于陆，其羽可用为仪，”于是为其定姓陆，名羽，字鸿渐。

在晨钟暮鼓的时光交替中，陆羽渐渐长大。在侍奉智积的过程中，他慢慢对

茶产生了极大兴趣，日日为智积冲泡，智积非陆羽所泡茶不喝，但陆羽却不愿皈依佛门，而有志于儒学和诗文，这令智积不悦。12 岁时，陆羽逃出寺院，投身戏班。由于其貌不扬，又有口吃，只能演丑角，但他幽默机智，表演生动，深得竟陵太守李齐物的赏识。李太守不仅教以诗文，还推荐他到隐居于火门山的邹夫子那里去学习。

文学修养的提高，为陆羽后来写作《茶经》奠定了坚实基础。从 21 岁开始，陆羽潜心于茶的考察和研究，先由湖北进入四川，一路上逢山品茶，遇水品水，每到一地，访农家，问茶事。此后，他又去各地游历，足迹遍于江苏、浙江、江西等地。安史之乱后，陆羽隐居浙江径山苕溪潜心著述茶史。其间，他与诗人顾况、诗僧皎然、书法家颜真卿等诗酒酬唱，结为莫逆。

陆羽不慕名利，无意仕途，虽几次被召出任太常寺太祝、太子文学等官，却都推拒。42 岁至 47 岁期间，陆羽凭借顽强的毅力，终于完成《茶经》这部巨著。《茶经》全书分上、中、下三卷，共十章，7000 多字。《茶经》内容丰富，按现代科学划分，包括植物学、农艺学、生态学、药理学、生化学、民俗学、史学、训诂学、地理学以及铸造、制陶等方面的知识，创造性地总结了我国茶树的起源与发展、茶的制作、饮茶的习俗、茶具的形成等茶文化。《茶经》的问世，使茶学真正成为一种专门学科，也标志着茶文化发展到了一个空前的高度。

白居易（722 年 — 846 年），字乐天，晚年号香山居士，祖籍太原（今属山西），后迁居下邽（今陕西渭南），唐朝杰出的现实主义诗人。白居易酷爱茶叶，曾自称是“别茶人”。白居易爱茶如痴如醉，终生与茶相伴，早饮茶、午饮茶、夜饮茶、酒后索茶，有时睡下还要索茶。即使病重，也离不开茶。他任江州司马时，有一年清明刚过，正抱病，忽闻好友四川忠州刺史李宜寄来一包用红纸封的新茶，白居易不顾病体虚弱，立即吩咐添水煎茶尝新。品尝之余，他又写信向友人致谢：“故情周匝向交亲，新茗分张及病身。红纸一封书后信，绿芽十片火前春。汤添勺水煎鱼眼，未下刀圭搅曲尘。不寄他人先寄我，应缘我是别茶人。”这封信不仅表现了白居易与李宜的深情厚谊，还表明白居易对茶的珍视与喜爱。

张志和（公元 730 — 810 年），字子同，本名龟龄，唐朝著名诗人，徽州祁门人。16 岁时，张志和考中明经科，向肃宗上书献策，很受肃宗赏识，被赐为待诏翰林，同时受赏男女奴婢各一人。张志和将这对奴婢配为夫妇，男名渔童，女叫樵青；渔童的任务是拿竿划船，樵青的任务是打柴煎茶。由此可见，张志和的生活非常有情调，特别是对茶情有独钟，后人因此概括为“苏兰薪桂，竹里煎茶”，流传为茶坛一段佳话。张志和后来担任左金吾卫录事参军，因事遭贬，降为南浦县尉。从此，他看破官场，浪迹江湖，自号“烟波钓徒”，长期徜徉于太湖一带的青山绿水间，过着隐逸的道士生活。

大历七年（公元 772 年），张志和与陆羽、颜真卿等人游玩，陆羽问张志和“孰与往来者？”张志和道：“太虚为空，明赵佶月为烛，与四海诸公共处，未尝少别也，有宗赵顼第何往来？”张志和的回答中带有几分魏晋文人洒脱超然的意味。他的思想对陆羽不问朝政的“大唐茶道”有一定影响。

陆龟蒙（？ — 881 年），字鲁望，自号江湖散人、甫里先生，又号天随子，长洲（今江苏省，苏州市）人，唐朝文学家；早年举进士，曾往苏、湖两郡从事，后隐居甫里；曾在顾渚山下经营一座茶园，岁取租茶，自为第，著《品第书》，该书是继陆羽《茶经》之后，唐人撰写的又一部专门品评茶的书籍。遗憾的是，该书早已失传。

此外，陆龟蒙与好友皮日休关于茶的唱和之作，堪称部诗化的《茶经》。陆龟蒙曾作《奉和袭美茶具十咏》（皮日休字袭美）10 首茶诗，皮日休和以《茶中杂咏》10 首茶诗，这 20 首诗一唱一和，全方位地描绘唐朝茶事的风貌，如陆龟蒙的《茶笋》：“所孕和气深，时抽玉苔短。轻烟渐结华，嫩蕊初成管。”这一诗句充分抒发了他对茶树生长环境及采摘嫩梢的赞美。《茶焙》中的“左右捣凝膏，朝昏布烟缕。方园随样拍，次第依层取。”则生动详尽地描述了茶叶加工过程中捣茶与造型的场景。

（二）宋朝茶人

赵佶（1082 年 — 1135 年），即宋徽宗，神宗赵顼第十一子，元符三年（公元 101 年）即位。宋徽宗是中国历史上有名的昏君，他不问朝政，骄奢淫逸，祸国殃民。虽然如此，宋徽宗却是一位风流才子，不仅精诗赋，通音律，对茶也颇为内行。他以皇帝之尊编著《茶论》，后人称之为《大观茶论》。

《大观茶论》是我国茶业史上第一部重要的茶叶专著。全书共 20 篇，约

3000字，从茶叶的栽培、采制到烹煮、品鉴；从烹茶的水具、火到茶的色、香、味；从品茶之妙到事茶之绝，比较全面地论述了当时茶事与茶叶的发展状况。

宋徽宗在《大观茶论》中写得最为精妙、造诣最深的是斗茶。斗茶需要高超的烹煮、点茶及击拂技艺，对茶具的选择也十分讲究。关于这些在《大观茶论》中都有叙述，特别是对点茶的“七汤”之法描述得十分具体。

当时，北方不产茶，赵佶也从未到过南方，之所以能写出《大观茶论》这样一部茶学著作，与他平日善饮以及对贡茶的深入研究有关。一位帝王为提醒“庸人孺子”茶之重要而潜心研究，著书立说，这在中国历代帝王中是十分罕见和难能可贵的。

叶清臣（1000年—1049年），字道卿，苏州长洲人。宋仁宗天圣二年进士，签书苏州观察判官事，天圣六年授光禄寺丞，充集贤校理，又通判太平州知秀州。累擢龙图阁学士、权三同使公事；庆历六年，出知渣州，寻改青州年，为水兴军路都部署兼本路安抚使、知水兴军。八年，复翰林学士、权三司使。皇祐元年，罢为侍读学士，知河阳，未几卒，赠左谏议大夫。

叶清臣嗜茶，好学善属文，有文集160卷，已佚，事迹见《宋史》卷295本传，所著《述煮茶泉品》是500字的短文，原附张又新《煎茶水记》后，清朝的陶重新在编印宛委山堂《说郛》时当作一书收入，清陆廷灿《续茶经》中有引用。

苏轼（1037—101年），字子瞻，号东坡居士，眉山（今四川眉山）人，宋朝杰出的文学家。苏轼不仅善于烹茶、品茶、种茶，还精通茶功、茶史，并创作了大量的茶诗。

苏轼善于烹茶，“精品厌凡泉”，他认为好茶必须配以好水。为此，他主张煮水时要静候消息，以初谢时泛起鱼目状小气泡，发出松涛之声为相宜。因为此种水最能发新泉、引茶香，煮过度则“老”，失去鲜馥。苏轼还讲究煮水的器具和饮茶用具。他认为煮水用铜器、铁壶有腥气、涩味，用石珧最好；喝茶用定窑兔毛花瓷（又称兔毫盏）最好。他在宜兴时专门设计一种提梁式紫砂壶。“送风竹炉，提壶相呼”是他用此壶烹茶独饮的生动写照。后人为纪念他，把这种紫砂壶命名为“东坡壶”。

苏轼还亲自栽种茶树。贬谪黄州时，苏轼经济很拮据。当地的一位书生马正卿得知后，替他向官府申请来一块荒地。苏轼亲自耕种，以地上所获稍济“困匮”和“乏食”之急，就在这块名为“东坡”的荒地上，苏轼种了一些茶树。

黄庭坚（1045—1105年），字鲁直，号山谷道人，又号涪翁，洪洲分宁（今江西修水）人，北宋诗人、书法家，也是一位难得的茶艺专家。黄庭坚爱茶，早年以“分宁茶客”闻名。宰相富弼听说黄庭坚多才多艺，很想与他结识，后来两人终于见面，但不知为什么富弼见了黄庭坚后却不喜欢他。他对人说：“我以为黄庭坚如何了得，原来不过分宁一茶客罢了！”虽然是富弼的贬斥之语，却道出了黄庭坚爱茶的真情。

黄庭坚的家乡在分宁双井村，这里是茶区。双井茶纤细有白毛，状如银须，色碧味隽，有“白茶”“银茶”之称。双井茶虽然有如此天然资质，但其能成为名茶还得力于黄庭坚。据南宋叶梦得的《避暑录话》记载：“元祐间（1086年—1093年），鲁直力推赏于京师，族人交至之，然岁仅得一二斤。”茶以人名，茶以诗名。在黄庭坚的大力推荐下，双井茶终于受到朝野士大夫文人的青睐，被列为朝廷贡茶，奉为极品，盛行一时。

黄庭坚早年嗜酒，中年后因病停饮，以茶代酒。黄庭坚经常与苏轼、秦观等诗友聚会酬唱。戒酒后，每当以文会友，黄庭坚只喝茶：“颇怀修故事，文会陈果茗。”黄庭坚不仅自己戒酒，还常劝别人以茶代酒。如他再三劝说外甥洪驹父：“千万强学自爱，少饮酒为佳。”还说：“又闻颇以酒废王事，此虽小癖，亦不可以不免除之。”

蔡襄（1012—1067年），名君谟，兴化游（今属福建）人，北宋著名书法家，与苏轼、黄庭坚、米芾并称“宋四家”，官至枢密院直学士，卒谥忠惠。蔡襄是一位十分喜爱茶叶的朝廷大官，也是一位茶学家，对福建的茶业发展做出过重要贡献。

蔡襄在任福建转运使期间著有《茶录》书。此书虽不足800字，却自成体系，是继陆羽《茶经》之后最有影响的茶书之一。《茶录》分上、下两篇；上篇论茶，下篇论茶器。在《茶录》中，蔡襄对茶的色、香、味，以及藏茶炙茶、碾茶、罗茶、侯汤等做了简洁而精到的论述。在“论器”中则阐发其对茶焙、茶笼砧椎、茶铃、茶碾、茶罗、茶盏、茶匙、汤瓶等制茶用具和烹茶用具的独到见解。

《茶录》完成后，蔡襄认为没有秘密可言，对手稿没有特意保护。后来，他到泉州做知府才发现《茶录》手稿被手下掌管文书的人盗走。蔡襄没有留底稿，

凭记忆也难以恢复原貌，这样他的《茶录》就等于失传了。后来，盗手稿的人把它当作大书法家的墨宝卖掉。但幸运的是，手稿为怀安知县樊纪知购得，蔡襄几经周折，重新找到手稿。

蔡襄还在丁谓大龙凤团茶基础上，创制出小龙凤团茶，被视为珍品。宋朝龙凤团茶因此有“始于丁谓，成于蔡襄”之说。据说蔡襄嗜茶如命，每次挥毫作书，必以茶为伴。欧阳修曾请他为自己的《集古目录序》刻石，并以大小龙团及惠山泉水作为润笔。蔡襄称这种润笔“太清而不俗”。蔡襄年老因病品茶时，“仍烹而玩之”，爱不释手。

陆游（1125—1210年），字务观，号放翁，山阴（今浙江名兴）人，南宋爱国大诗人，也是一位爱茶、嗜茶的人。陆游出生于江南茶乡，一生出仕于闽、苏、蜀、赣等地，当了十余年茶官，使他对茶怀有特殊感情，创作了300多篇以茶为题材的诗词，为历代咏茶诗之冠。

陆游以诗记述名茶，许多为陆羽《茶经》所未有，如写四川蒙山茶的“饭囊酒翁纷纷是，谁尝蒙山紫笋香”；写福建壑源春茶的“遥想解醒须底物，隆兴第一壑源春”；写浙江长兴顾渚茶的“焚香细读《斜川集》，候火亲烹顾渚春”；写湖北茱萸茶的“茶人住多楚人少，士铛争响茱萸茶”等，大大丰富了中国茶的记载。因此，人们把陆游的茶诗作为《茶经》的“续篇”。

朱熹（1130—1200年），南宋徽州婺源（今江西）人，侨居建阳（今属福建），字元师仲晦，号晦庵，别号考亭、紫阳，始小学终大学，真源脉络，统圣贤体用之全，乃代大儒。他一生以清贫著称于世，生活准则是“茶取养生，衣取蔽体，食取充饥，居止取足以障风雨，从未奢侈铺张”。

宋朝寺院“茶宴”流行，文人雅士常慕名参与，朱熹亦乐于此行。当时五夫开普寺住持圆悟常办茶宴，朱子慕名经常赴宴，品茗唱和，他们结识于茶宴间，其后竟成“忘年交”。朱熹是理学大师，以茶论道传理学把茶视为中和清明的象征，以茶修德，以茶明伦，以茶寓理，不重虚华，崇尚俭朴；以茶交友，以茶穷理，赋予茶理广博鲜明的文化特征。

朱熹晚年为躲避“庆元学案”，赋诗题匾，往往不署真名，常以“茶仙”落款。庆元六年（公元1200年）三月，朱熹病情恶化，尚坚持著述题名，在给自己出生地南剑州的景点书写“引月”碑刻，便是署名“茶仙”。遗迹尚在，且成为他一生绝笔。

叶梦得（1077 — 1148 年），字少蕴，号石林居士，苏州吴县人，后移居乌程（今浙江湖州）。绍圣进士，高宗绍兴时任江东安抚制置大使，兼知建康府（今江苏南京）行宫留守，博洽多闻，精熟掌帮。叶梦得能诗，其词接近苏轼风格，著有《建康集》《避暑录话》《石林燕语》等。叶梦得尚茶，也精于茶事，其《避暑录话》卷下书称："裴晋公诗云：'饱食缓行初睡觉，一瓯新茗侍儿煎。悦巾斜倚绳床坐，风送水声来耳边。'公为此诗，必自以为得志。然吾山居七年，享此多矣。今岁新茶适佳，夏初作水池，导安乐泉注之，得常熟破山重台白莲，植其间，此晋公之所诵咏而吾得之，可不为幸乎。"其笔记对宋朝责茶、茶事心得记录较多，为一代茶叶鉴赏者和茶叶史家。

（三）明朝茶人

朱权（1378 年 — ？），明太祖朱元璋第十六子，13 岁封藩于长城喜峰口外大宁，世称"宁王"，燕王朱棣发动"靖难之役"后，曾将朱权软禁，直到推翻建元帝才将其释放。朱棣即位后，将朱权改封南昌。但朱权与明成祖朱棣政见不合，于是渐生嫌隙，受到诽谤。朱权身心俱疲，归隐于南方，鼓琴读书，以茶明志，不问政事。这种生活使他的身心与自然融合，茶则成他为重要的媒介和托志之物，从而写就《茶谱》一书。

在《茶谱》中，朱权不仅阐发了他对茶道的深刻感悟，全面总结了茶的药用功能，还创造了新的饮茶方式。他不赞成把茶叶碾末制成茶饼的做法，也不赞成在茶饼中掺杂各种香料、涂饰金银重彩、设立鳌多名目的做法，认为这样或多或少侵夺了茶的自然真味，他提倡直接烹煮，无疑顺应了茶的自然之性。

沈周（1427 年 — 1509 年），明朝杰出画家，字启南，号石田，晚号白石翁，亦作玉田翁，人称"白石先生"，长洲（今江苏苏州）人。沈周一生家居读书，吟诗作画，终生不仕。他诗宗白居易、苏轼，字仿黄庭坚，画法宗元诸家，是明朝中期著名画家，吴门画派创始人，在元、明以来文人画领域有承前启后的作用。沈周对茗饮情有独钟，曾创作《火龙烹茶》《会若图》等以品茶为内容的作品，还撰有《会茶篇》《书茶别论后》等茶书，并留有《月夕汲虎丘第三泉煮茶

坐松下清啜》等茶诗。

文徵明（470 年 — 1590 年），初名壁，以字行，更子微伸，江苏长州（今吴县）人，因祖籍衡山，故号衡山居士，又号文林子。他多才多艺，但因性格倔强，不肯与官府结交，九次应试都名落孙山，但他是继沈周之后吴门画派的领军人物。文徵明一生嗜茶，煮茶论茗是其生活中不可缺少的内容，特别是遭宁王朱权骚扰后，更是沉湎于茶，以致有些“入魔”。文徵明对水的要求甚高，常派人进山汲取宝云寺水烹茶。但他又怕挑夫图省事，随意取水交差，于是仿苏轼做法，制作一批“竹符”，交给泉边寺中僧人。待挑夫来汲泉时，由僧人付其一枚作为凭证，随水带回。

文徵明一生孜孜探究茶事、茶书、饮茶之法，撰有《龙茶录考》一文，对蔡襄《茶录》的书法艺术版本、写作时间等都做了深入考证，是古人研究《茶录》文章中最有价值的一篇。文徵明还以其手中画笔，创作了《惠山茶会图》《茶具十咏图》《乔林煮茗图》《品茶图》《茶事图》等以茶为题材的绘画，具有相当高的艺术价值。

唐寅（1470 年 — 1523 年），字伯虎，字子畏，号六如居士，有“江南第一风流才子”之印章，江苏吴县（今苏州）人。弘治十一年（公元 1498 年）举人会试时，牵涉科场舞弊案，下诏狱，谪为吏，耻不就，随后游名山大川，以卖画为生。

唐寅好茶，经常同友人品茗清谈，赋诗作画，并幻想有朝一日能够买下一座青山，在青山上种满茶树，每当早春之时，采摘茶芽，按茶大师之法，烹茶品尝。从这充满诗情画意的理想中可以看出，唐寅对大自然和茶的由衷热爱。唐寅以茶为题创作了一些艺术价值很高的画作，如《卢仝煎茶图》《煎茶月》《斗茶图》《烹茶图》《事茗图》等。

张源（生卒年不详），字伯渊，号樵海山人，长州包山（今江苏吴中区洞庭西山）人，隆庆进士。顾大典在其《茶录引》中这样介绍张源：“隐于山谷间无所事事，日习诵诸子百家言。每博览之暇，汲泉煮茗，以自愉快。无间寒暑，历三十年，疲精殚思，不究茶之指归不不已。”张源撰《茶录》一卷，全书约 1500 字，分采茶、造茶、辨茶、藏茶、火候汤辨、茶道等 23 则。书中有许多内容是作者对茶艺、烹饮的体会和心得，书中提出，“绿茶冲泡，曰中投；先汤后茶，曰上投。”综上可见，此书并非泛泛转抄转录之作。

（四）清朝茶人

蒲松龄（1630年或1640年—1715年），字留号剑臣，又号柳泉，山东淄川人。蒲家“累代书香”，但到了蒲松龄这一代家道中落。蒲松龄一生刻苦好学，却屡试不第，不得不在家乡作塾师，以维持生计。后来，他开始酝酿创作《聊斋志异》。

为了收集到更多的故事和素材，蒲松龄想到设置茶摊收集的办法。他将茶摊设在村口路边树荫下，行人边饮茶，边歇脚闲聊，说古道今，无所不谈。蒲松龄听者有心，常常从中捕捉到精彩的故事片段。他还规定，只要能讲出一个故事，茶钱分文不收。不少行人为此大讲奇闻怪事、乡里趣闻，从无耳闻的人也会随口编上几句。蒲松龄侧耳聆听笑纳，茶钱则一文不取。凭借此种方法，他终于完成了《聊斋志异》这部流传百世小说的创作。

蒲松龄不仅写小说，还把研究农业、医药和茶事的心得写成通俗读物。他在宅院旁开辟了一片药圃，栽种多种中药，收集民间药方。经过实践和研究，他调配了一种茶药兼备的菊桑茶，既能止渴，又能健身治病。他在《药崇书》中说，菊花能补肝滋肾，桑叶能疏散风热、润肝肺肾，枇杷叶能清肺下气，和胃降逆，蜂蜜能滋补养中、润肠通便、调和百药。四药合用就是一剂补肝肾、抗衰老的良方。

汪士慎（1686—1759年），字近人，号巢林，又号溪东外史，安徽歙县人，流寓扬州，为“扬州八怪”之一。汪士慎嗜茶，饮茶量很大，常常是“一盏复一盏”，而且“饭可终日无，茗难一刻废”。不仅于此，他对茶的感觉还很细腻：“飘然轻我身”“涤我六腑尘”“醒我北窗寐。”他待客从不设酒，只以“清荫设茶宴”“煮茗当清樽”而已。

汪士慎不仅有“茶仙”美名，还以目“殉茶”，对茶的迷恋可以说到了极点。乾隆四年，年已54岁的汪士慎左眼不幸失明。大夫说这是“嗜茗过甚”造成的。好友姚世钰听说后四处为他寻觅能治眼疾的桑叶茶。但汪士慎却不听亲朋好友的劝告，还诗道：“平生煮泉千百瓮，不信翻令一目盲。”在他看来，物质的茶只是

一种引子，所引发的创作契机是自己所希冀的。

67 岁时，汪士慎的另一只眼睛也渐渐失明。6 年后，他与世长辞。汪士慎嗜茶成瘾，在扬州八怪中尽人皆知。高翔曾为他画《汪士慎煎茶图》；金农也以“除却巢兄无别客”的诗句赞扬其品茶技艺；闵廉风则将汪士慎在艺术、生活上的两大“怪”概括为“客至煮茶烧落叶，人来将米乞梅花”。

郑燮（1693 年—1765 年），字克柔，号板桥，江苏兴化人，清朝著名诗人、书画家。郑板桥一生写过许多文采飞扬、妙趣横生的茶诗、茶联，比如他的《竹枝词》，“溢江江口是奴家，郎若闲时来吃茶。黄土筑墙茅盖屋，门前一树紫荆花。”《竹枝词》生动、形象地描绘了一位卖茶妇女的生活场景。

郑板桥还因茶而喜结良缘。早春二月，郑板桥早起，由傍花村过江桥去雷塘，路上口渴，叩柴门而问茶，老媪闻言，捧茶一瓯瓦，让至茅亭小坐。郑板桥一抬头，见茅舍壁上贴着一首自己所写的词，于是问：“可识此人否？”老媪答：“但闻其名，不识其人。”郑板桥告之：“即我也。”老太喜呼其女：“快来！郑板桥先生在此。”其女艳装而出，老媪告诉郑板桥，自己有五个女儿，四个已经出嫁，唯留此女为养老计，名为五姑娘，又说：“闻君丧偶，何不纳此女为帚妾？”郑板桥答道：“我一寒士，何能得此丽人？”老媪说：“不求多金，足养老妇人者可矣。”郑板桥乃许诺曰：“今年乙卯，来年丙辰，后年丁已，若成进士，后年我必回来，能待我乎？”媪与女皆曰能待。

第二年，郑板桥得中进士，留在京师。此时，老媪的生活已很贫穷，变卖了所有家产和土地仍入不敷出。这时，有一富人愿出七万金娶五姑娘为妾，老媪心动，五姑娘却道：“我与郑公有约，背之不义，他一年后必定回来，我等他。”江西程羽宸听说此事后，即代郑板桥以五百金作为聘礼交予老媪。第二年，郑板桥果然从京师回来，程羽宸又拿出五百金给郑板桥作娶亲之费。在程羽宸的帮助下，郑板桥和五姑娘终于成就了一段美好姻缘。

（五）现朝茶人

鲁迅（1881 年—1936 年），原名周树人，字豫才，浙江绍兴人，文学家、思想家和革命家。

鲁迅嗜茶，但不喝花茶，也不喝发酵的茶，只喜欢喝绿茶，尤其是家乡的珠茶。珠茶外形团紧，呈颗粒状，宛如珍珠，当地人习惯叫它“团炒青”。鲁迅也爱喝龙井茶。他游览杭州西湖时曾兴致勃勃地跑到虎跑泉边，去喝虎跑泉水泡的龙井茶。此外，他也特地到清河坊翁隆盛茶庄买龙井茶。他说：“杭州旧书店的书价比上海高，茶则比上海的好。”书和茶是鲁迅先生的喜好，所以他常托杭州朋友给他买茶。

鲁迅爱茶，一生中的茶事活动很多，在北京时去得最多的地方是青云阁、中兴和四宜轩等茶馆。他喜欢在喝茶时伴以点心，且饮且吃，至晚方归。鲁迅对喝茶与人生有独特的理解，品茶对于他来说既是交友，又是学术探讨和工作，并借喝茶剖析社会和人生，抨击时弊。

鲁迅饮茶有一个习惯，每次冲茶都要用开水，且随时取用，所以在他房间里炭钵的三角架上总有一壶开水，即使三伏天也是如此，以备随饮随冲，谈话和写作的兴致越高，冲泡次数也越多。

鲁迅不但经常去茶楼饮茶，甚至还把工作室也搬进茶室。当时北京一些公园里有茶室藏于绿树丛中，十分安静，啜饮品茗，妙趣倍增，所以鲁迅常常在这里工作。1926 年夏天，鲁迅与齐寿山合译《小约翰》，就是在公园茶室里进行的，一个多月的时间里，鲁迅每天下午都到茶室译书，直至译毕。2004 年，当年鲁迅和许广平珍藏的清宫普洱茶在广州亮相。这批普洱团茶共 39 块方形，盛装在精致的红色锦匣中，基本保持完整的有 24 块，每块如一枚一元硬币，厚度约半厘米，重约 3 克。团茶表面色泽如米砖，正面有花纹图案。广东省文化学会茶文化专业委员会受周海婴先生委托，在广东大厦举行拍卖会，拍卖其中的一块重约 3 克的普洱茶，经过 20 多轮竞价，最后这块普洱茶由一位曾先生以 1.2 万元拍得。

陶行知（1891 年 — 1946 年），原名文睿，后改知行，又改行知，安徽歙县人，中国现代杰出的教育思想家。在他躬亲教育实践的十年生涯中，以茶办学是一段奇特的经历。

南京近郊老山脚下的晓庄师范，是陶行知实践乡村教育的基地。晓庄师范附近有一个村庄叫佘儿岗。这里有一片茶园，陶行知将其命名为“中心茶园”，聘请农友陈金禄担任经理，自己亲任指导。在茶园里，陶行知又建了座茶馆，并专门雇了一位村嫂烧水冲茶。茶馆进门的柱子上张贴着陶行知自撰的茶联：“嘻嘻

哈哈喝茶，叽叽咕咕谈心。”佘儿岗茶馆办出了效果，陶行知又规定晓庄师范的师生在每一所中心小学附近都要办一所这样的民众茶馆（园）。此后，类似的茶馆便如雨后春笋般涌现。佘儿岗茶馆由一枝独秀到百花盛开，在中国教育史上可谓绝无仅有，同时在中国茶史上也是前无古人的佳话。

胡适（1897 年 — 1962 年），字适之，安徽绩溪人，现代学者。胡适出身于茶商世家，山水的孕育与家庭环境的熏陶，加之茶本为文人的喜爱之物，使胡适一生与茶结下不解之缘。1914 年 9 月，在美国留学的胡适曾经给母亲写信道：“乞母寄黄山柏茶，或六瓶或四瓶，每瓶半斤足矣。”次年 8 月，他写道：“毛峰茶不必多买，两三斤便够了。”“不必多买”绝非嫌数量过多，而是出于对母亲经济状况的考虑，这一点在 1916 年的复信中可以证明：“前寄之茶叶，除分送友人外，余留自用。”1937 年，胡适再次赴美，次年在给妻子的信中写道：“你七月三日的长信，我昨天收到，茶叶还没有到？”其企盼之情可见一斑。1939 年 4 月，先生再次嘱妻子寄茶，但这次寄的茶有所变化，他说：“一是这里没有茶叶吃了，请你代买龙井茶四十斤寄来，价钱请你代付，只要上等就行，不必要顶贵的。每斤装瓶，四十斤合装木箱。装箱后可托美国通运公司运来。二是使馆参事陈长乐先生托我代买龙井四十斤寄来，价钱也请你代付，也装木箱，同样运来。”

胡适因茶受敬，固然使其高兴，也有因茶受累而尴尬之时。1929 年 7 月，上海裕新茶店老板写信请求胡适同意其打出“博士茶”牌号推销茶叶，先生回信道：“博士茶事，殊欠斟酌。你知道我是最不爱出风头的，此种举动，不知者必说我闻其事，借此为自己登广告，此一不可也，访单中说胡某人昔年服此茶，“‘沉疴遂得痊愈’更是欺骗人的话，此又一不可也。至于说，‘凡崇拜胡博士欲树帜于文字界者，当自先饮博士茶为始’，此是最陋俗的话，千万不可发出去。”看得出，胡适对于别人想用自己的名声销茶是极度反对的，也可以看出他对茶的尊重和对天下茶人的敬重。

陈香梅（1925 年 — 2018 年），华裔美人，美国国际合作委员会主席，全美最有影响的七十位人物之一，其丈夫是著名的反法西斯斗士、美国援华抗日空军飞虎队队长陈纳德将军。

陈香梅在她的写作生涯和日常生活中酷爱品茗，尤其是中国香港的下午茶。中国茶伴随她走过一生中最艰难的岁月，并成为她终生的嗜好。陈香梅初品香港下午茶，是在香港大学的茶室。当时，广州已经沦陷在日本铁蹄之下，她所就读

的岭南大学由广州迁到中国香港，借用香港大学教室上课，太多的忧虑和苦难，使陈香梅经常于下午邀上三五学子，茗话于校园茶室中，以排遣愁肠。

陈香梅把由广州早茶演化来的本埠午茶与晚茶相结合，创造出颇具特色的港式下午茶。这种下午茶不仅使陈香梅格外陶醉，还成为她的一种癖爱。

陈香梅专修国文，茶成为她与文学的媒介。每有值得鉴赏的文章和作品时，她与教授、同学相聚于一位教授茅舍里边品茗，边品文。他们用的是一把十分俭朴的紫砂小泥壶，先塞进半壶茶叶，而后放在炭炉上煎沸，再斟入核桃般大小的杯中细细品啜，每周至少两三次，有时兴致所致，还会饮起马拉松式下午茶，直至深夜，仍意犹未尽。

到了美国，陈香梅偶然应朋友之邀，到纽约泛美大楼的云天阁茶室啜上会儿西式下午茶。云天阁茶室是一个纸醉金迷的地方，世界各种名茶应有尽有，印度的、斯里兰卡的、美国的名茶都可以在这里品尝到，这里用的茶具一律是镶金边的美国名瓷，令人目眩。陈香梅虽然久居纽约，频繁来往于东西半球，但却不喜欢这里的下午茶，所热衷的仍然是中国茶。她说："我跑了世界许多地方，喝过各地所产的茶叶，但我觉得只有中国茶叶泡出的茶，才是最令我回味的。"

九 / 饮茶典故

（一）饮茶典故

1. 神农尝茶

很早以前，中国已有“神农尝百草，日遇七十二毒，得茶而解之”的传说。神农有一个水晶般透明的肚子，吃下什么东西，人们都可以从他的胃肠里看得清清楚楚。那时候的人吃东西都是生吞活剥，因此经常闹病。神农为了解除人们的疾苦，便把看到的植物都尝试一遍，看看这些植物在肚子里的变化，判断哪些无毒，哪些有毒。当他尝到一种开白花的常绿树嫩叶时，就让它在肚子里从上到下，从下到上，到处流动洗涤，好似在肚子里检查，于是他把这种绿叶称为“查”。以后，人们又把“查”叫成“茶”。

神农长年累月地跋山涉水，尝试百草，每天中毒几次，全靠茶解救。但是在最后一次，神农来不及吃茶叶，终被毒草毒死。据说，那时他见到一种开着黄色小花的小草，花萼在一张一合地动着，他感到好奇，便把叶子放在嘴里慢慢咀嚼。不一会儿，他就感到肚子很难受，还没来得及吃茶叶，肚肠已经一节一节地断开，原来他是中了断肠草的毒。后人为了崇敬、纪念农业和医学发明者的功绩，就世代传颂“神农尝百草”的故事。

2. 积公独爱陆羽煎的茶

唐朝代宗皇帝李豫喜欢品茶，宫中也常常有一些善于品茶的人供职。有一次，竟陵（今湖北天门）积公和尚被召到宫中。宫中煎茶能手，用上等茶叶煎出一碗茶，请积公品尝。积公饮了一口，便再也不尝第二口。代宗皇帝问他为何不饮，积公说："我所饮之茶，都是弟子陆羽为我煎的。饮过他煎的茶后，旁人煎的就感觉淡而无味了。"代宗皇帝听罢，记在心里，事后便派人四处寻找陆羽，终于在吴兴县苕溪天杼山上找到了他，并把他召到宫中。代宗皇帝见陆羽其貌不扬，说话有点结巴，但自言谈中却可以看得出他的学识渊博，出言不凡，甚感高兴。当即命他煎茶。陆羽立即将带来的清明前采制的紫笋茶精心煎制后献给皇帝，茶香扑鼻，茶味鲜醇，清汤绿叶，真是与众不同。代宗皇帝连忙命他再煎一碗，让宫女送到书房给积公去品尝，积公接过茶碗喝了一口，连叫好茶，于是一饮而尽。他放下茶碗后走出书房连喊："渐儿（陆羽的字）何在？"代宗皇帝忙问："你怎么知道陆羽来了？"积公答道："我刚才饮的茶只有他才能煎得出来，当然是他到宫中来了。"虽说这是传说，难辨真伪，但从此也可见陆羽精通茶艺之一斑。

3. 孙皓赐茶代酒

孙皓（242 年 — 283 年）是三国时吴国第四代国君，后为晋所灭。他专横残暴、奢侈荒淫，极嗜好饮酒。每次设宴，座客至少饮酒七升，"虽不尽入口，皆浇灌取尽"。朝臣韦曜，博学多闻，深为孙皓所器重。韦曜酒量甚小，不过两升。孙皓对他特别优礼相待，"密赐茶荈以代酒"，即暗中赐给他茶替代酒。此事见《吴志 · 韦曜传》，是史籍中最早关于"以茶代酒"的一则记载。

4. 陆纳"清茶一杯"待贵客

晋人陆纳，曾任吴兴太守，累迁尚书令，有"恪勤贞固，始终勿渝"的口碑，是一个以俭德著称的人。晋朝《中兴书》中载有这样一件事：卫将军谢安要去拜访陆纳。陆纳的侄子陆俶见叔父未作准备，但又不敢去问他，于是私下准备了可供十几人吃的菜肴。谢安来了，陆纳仅以茶和果品招待客人，陆俶摆出预先准备好的丰盛筵席，山珍海味俱全。客人走后，陆纳打陆俶四十棍，教训说："汝既不能光益叔父，奈何秽吾素业。""请茶一杯"的传说使茶文化上升到一个高度，更显露出茶的高雅与风格。

5. 王安石凭茶色能断水

冯梦龙的《警世通言·王安石三难苏学士》中记载了王安石凭茶色能断水的故事。王安石老年患有痰火之症，虽服药，难以除根。太医院嘱饮阳羡茶并须用长江瞿塘中峡水煎烹。因苏东坡是蜀地人，王安石曾相托于他："倘尊眷往来之便，将瞿塘中峡水攒一瓮寄与老夫，则老夫衰老之年，皆子瞻所延也。"不久，苏东坡亲自带水来见王安石。王安石即命人将水瓮抬进书房，亲以衣袖拂拭，纸封打开，又命童儿茶灶中煨火，用银铫汲水烹之。先取白定梅一只，投阳羡茶一撮于内。候汤如蟹眼，急取起倾入。其茶色半晌方见。王安石问："此水何处取来？"东坡答："巫峡。"王安石道，"是中峡了"。东坡回："正是。"王安石笑道，"又来欺老夫了！此乃下峡之水，如何假名中峡"？东坡大惊，只得据实以告。原来，东坡因鉴赏秀丽的三峡风光，船至下峡时才记起所托之事。当时，水流湍急，回溯为难，只得汲一瓮下峡水充之。东坡说："三峡相连，一般样水，老太师何以辨之？"王安石道，"读书人不可轻举妄动，须是细心察理；这覆塘感性，出于《水经补注》上峡水性太急，下峡太缓，惟中峡缓急相半。太医院官乃明医，知老夫中烷变症，故用中峡水引经。此水烹阳羡茶，上峡味浓，下峡味淡，中峡浓淡之间。今茶色半晌方见，故知是下峡。"东坡听完离席谢罪。

6. 陆羽品水

大历元年，陆羽逗留于扬州大明寺，御史李季卿出任湖州刺史途经扬州，邀陆羽同舟赴郡。当船抵镇江附近扬州驿时，泊岸休息。御史对扬子江南零水泡茶早有所闻，又深知陆羽善于评茶和品水，于是笑着对陆羽说："陆君善于茶，盖天下闻名矣！况扬子江南零水又殊绝，今者二妙千载一遇，何旷之乎？"陆羽对李季卿说："大人雅意盛情，余理当奉陪品饮，只是今日风大浪涌，况时辰将过午时，恐取水有难。"原来，南零水正处于长江漩涡中，通常只有在子与午两个时辰内用长绳吊着铜瓶或铜壶，深入水下取水。倘若深浅不当，或错过时间，均取不到真正的南零泉水。此时，李季卿决意要品尝"佳茗美泉"，于是立即派出一位可靠军士，备下打水器皿，赶在午时前，去南零取水。军士取水归来后，陆羽"用勺扬其水"，便说："江则江矣，非南零者，似临岸之水。"军士分辩道："我操舟江中，见者数百，汲水南零，怎敢虚假？"陆羽一声不响，将水倒掉一半，再"用勺扬之"，才点头说道："这才是南零之水矣！"军士听此言，不禁大惊，“蹶然大骇伏罪”，军士没想到陆羽有如此品水本领，不敢再瞒，只好实言相告。原来因江面风急浪大，军士取水上岸时因小舟颠簸，壶水晃出近半，于是用江边之水加满而归，不想竟被陆羽识破，连呼“处士之鉴，神鉴也！”

7. 富豪嗜茶沦落成乞丐

《倚情楼杂技》中有一个故事，福建一个富翁喝茶成癖。一天，一个乞丐靠在门上，看着富翁说：“听说您家的茶特别好，能否赏我一杯？富翁笑着说：“你懂喝茶吗？”那乞丐回答：“我从前也是富翁，因为爱喝茶才破的产，故而落到今天讨饭的地步。”富翁一听，心生同情，叫人把茶捧了出来。乞丐喝了一口说：“茶倒不错，可惜还不到醇厚的地步，因为茶壶太新之故，我有把壶，是昔日常用的，至今还带在身上，虽饥寒交迫也舍不得卖掉。”富翁要来一看，这壶果然不凡，造型精绝，铜色优然，打开盖子，香味清冽，用来煮茶，味异寻常，打算买下。乞丐说：“我可不能全卖给你。这把壶价值三千金，我卖给你半把壶，一千五百金，用来安顿家小，另半把壶我与你共享，如何？”富翁欣然答应，乞丐拿了半把壶的钱，把家安顿好。以后他每天都到富翁家里来，用这把壶烹茶与富翁对坐，好像老朋友一般。

（二）茶的传说

我国各地有许多关于茶的民间故事与传说。这些故事有的是讲名茶的来历，一方面给茶加上许多美好的传奇色彩，引人注目；另一方面借此宣传自己家乡的美丽富饶。我国地大物博，各种物质资源丰富，在茶的传说中，占最大比例的是关于名茶的来历，每种名茶似乎都有一段美妙的历史，比如黄山毛峰的传说，就十分耐人寻味。

明朝天启年间，有一位为政清廉而又儒雅的县令熊开元，因携书童春游来到黄山云谷寺。寺中长老献上一种芽如白毫底托黄叶的好茶，以黄山泉煮水冲泡，不但茶的色、香、味无与伦比，而且在茶变化升腾过程中会在空中出现“白莲”奇景。长老说乃是当年神农尝百草中毒，茗茶仙子和黄山山神以茶解救，神农氏

为感谢他们留下的一个莲花神座，饮这种茶当然会身体康健、延年益寿。后来，此茶被一个官迷心窍的县令偷到皇帝那里献茶请功，因不知黄山神泉的道理出现不了白莲，反害了自己。熊开元也终因看透官场腐败弃官而去，到云谷寺做了一个和尚，终日与毛峰茶、神泉水及禅房道友相伴。

这个故事与一般民间传说没多大区别，无非仙茶神水之类，但仔细研究却不然。第一，故事插入神农尝百草的故事，再现我国神农时代便发现茶的用途传说。第二，所谓用神泉水冲茶会出现白莲奇观的传奇笔法，又表现出佛教与茶之间的关系。佛教崇尚莲花，一个云谷寺慧能长老，一个文雅儒士，不仅说明儒佛相参共修茶道，还证明真正的茶人必是“清行简德之人”。

武夷山的“大红袍”也有许多传说。有的说是在一个灾荒年月里，武夷山中好心的勤婆婆救了一位老神仙，老神仙在地下插了一根拐杖后变成茶树。皇帝把茶树挖了栽进宫去，仙茶又拔地而起，凭空飞腾回到武夷山，红艳的叶子是天上飘来的彩云，是茶仙身上的袍服。也有的说是因为皇后娘娘用这种茶治好了病，皇帝就以大红袍之名赐封三棵茶树。

值得注意的是，许多名茶传说经常以一个治病救命或是可歌可泣的爱情故事，来突出茶的药用价值和纯洁品格。洞庭湖的君山茶传说，饶有趣味地讲了一个向老太后“进谏”的故事，而且把时代明确到先秦的楚国时期。故事讲述的是：楚国老太后是经常生病，楚王又是一个孝子。楚王的孝心感动天地，一位白胡子老道士给老太后看病。老道士给太后看过之后，他说太后没什么病，只因为山珍海味吃得太多，致使肠胃受累，临行留下葫芦“神水”，并送上四句真言：一天两遍煎服，三餐多吃清素；要想延年益寿，饭后走上百步。太后依此行事，她的病从此后就好了，楚国令尹却想把君山神水搬到王宫。老道士一怒，把一汪神泉全撒在山上，变成千万棵茶树，与神泉水有同样的疗效。令尹责备老道士有“欺君之罪”，老道士却说一方水土养一方人，你要把神泉淘尽这便是“欺民之罪”。令尹只好认输。从此，楚王每年派百名姑娘来君山采茶。采茶时，采茶女着红衣，每二十人一队，如碧波起伏的茶山突然间像插上一朵朵红花。望着这美丽的景色，楚国令尹诗兴大发：“万绿丛中一点红，采叶人在草木中。”吟到此，他突然若有所悟：人在草与木中间，正是一个“茶”字；繁体的草字头也可写作“廿”，又是“二十”的简写，说明姑娘们编队情况。既然一切都有自然之理，当初自己又何必非要把君山神泉搬走？这则故事编得巧妙，含有对统治者的讽谏，最后又以谜语形式点题：喝下一杯清茶，君王便该清醒，不可取之过多，扰民太甚，好茶需有好水烹，茶艺的基本要求其实是百姓最有发言权。因为他们自己作便常与名水相伴，并非刻意求取。这之后，又出现了许多关于发现名泉名水和保护名泉名水的故事，比如杭州的虎跑泉，人们说那是一对叫大虎、二虎的兄弟为救一方百姓，变作老虎用神力从地下硬刨出来的泉。洞庭湖君山之上，不仅有最好的茶，也有过最好的“神水”。人又言广西桂林有个关于白龙泉与刘仙岩茶的故事，说白龙泉的水泡茶不仅味香，还能从水汽中飞出一条白龙来，所以被作为专向皇帝进贡的贡品。刘仙岩的茶据说是宋朝一个叫刘景的“仙人”种的茶。所谓“仙人”，其实无非是“得道”的大活人。因此各种茶与泉的传说都是现实生活的曲折再现。也有些故事是以群众喜闻乐道的形式再现真实史实的。有一则“马换《茶经》”的故事，说唐朝末年各路藩王割据与朝廷对抗，唐皇为平定叛乱急需马匹。于是，朝廷以茶与回纥国相交换，以茶换马。这年秋季，唐朝使者又与回纥使者相会在边界上。回纥使者却提出，不想直接换茶，而要求以千匹良马换一本好书，即《茶经》。那时陆羽已逝，其《茶经》尚未普遍流传，唐朝皇帝命使者千方百计寻查，到陆羽写书的湖州苕溪，又到其故里竟陵（今湖北天门县），最后还是由大诗人皮日休捧出一个抄本，才换来马匹，从此《茶经》传到外国。这个故事不知是真的完全来自民间还是经过文人加工，不过，如果是把茶马互市与《茶经》的外传连在一起，编得十分巧妙。唐朝确实与回纥有频繁的接触和贸易往来，或者真是在唐朝《茶经》已流传到我国西北地区。这便为我们研究西北地区茶文化发展史提供了重要线索。关于苏东坡、袁枚、曹雪芹品茶的故事，更是史实与传闻掺半，有部分参考价值。

云南陆凉县境内，据说有一棵大山茶树，干高二丈余，身粗一围，花呈九蕊十八瓣，号称山茶之王。关于这棵树的传说却与吴三桂统治云南的历史有关联。据说吴三桂称霸云南想自己做皇帝，乃修五华山宫殿，筑莲花池“阿香园”，并搜罗天下奇花异草。于是，陆凉的山茶王便被他强移入宫。谁想这茶树颇有志气，任凭吴三桂鞭打，身上留下道道伤痕，硬是只长叶不开花。三年过后，吴三桂大怒要斩花匠，那山茶仙子来到吴三桂梦中唱道：“三桂三桂，休得沉醉；不怨花匠，怨你昏聩。吾本民女，不贪富贵；只求归乡，度我穷岁。”

吴三桂听了，梦中挥刀，没砍中茶仙子反而砍下龙椅上一颗假龙头。于是又

听到茶花仙子唱："灵魂卑贱，声名已废。卖主求荣，狐群狗类。只筑宫苑，血染王位。天怒人怨，祸祟将坠。"

吴三桂听罢顿觉天旋地转，吓出一身冷汗，突然惊醒，原来是一场梦。谋臣怕继续招来祸祟，劝吴三桂，终于又把这山茶王"贬"回陆凉。这个故事反映出茶的坚贞品格。在云南，这种历史故事很多，还有诸葛亮教人种茶、用茶的故事，这是正面突出番汉文化交融的传说，所以云南有些地方又把一些大茶树称为"孔明树"。先不论是否是孔明入滇才使云南人学会用茶、种茶，只从其包含的思想精神来说，各族人民对历史人物的评价是有其客观标准的。

有些故事可能不全来自民间，而是出于文人之手或经过文人加工，但仍然十分有趣味，如"看人上茶"的故事。相传清朝大书画家，号称"扬州八怪"之一的郑板桥曾在镇江读书。一天，他来到金山寺，到方丈室欣赏别人字画，老方丈势利眼，见郑板桥衣着简朴，不屑一顾，仅勉强地招呼："坐！"又对小和尚说："茶！"老和尚在交谈中得知与郑是同乡，于是又说："请坐！"并喊小和尚："敬茶！"而当老方丈得知来者原来是大名鼎鼎的郑板桥时，大喜，于是忙说："请上坐！"又急忙吩咐小和尚："敬香茶！"茶罢，郑板桥起身，老和尚请求赐书联墨宝，郑板桥乃挥手而书，上联是"坐，请坐，请上坐"，下联是"茶，敬茶，敬香茶"。这副对联对得极妙，不但文字对仗化甚工，而且讽刺味道极浓。

还有一则朱元璋赐茶博士冠带的故事。明太祖朱元璋于一次晚宴后视察国子监，厨人献上一杯香茶，朱元璋正口渴，越喝越觉香甜，心血来潮，乘兴赐给这厨人一副冠带。院里有一位贡生不服气，乃高吟道："十年寒窗下，不如一盏茶。"众人看贡生敢忤皇上大惊，朱元璋却笑着对出了下联："他才不如你，你命不如他。"这个故事说明朱元璋好茶，也较符合历史，朱元璋出身低微，能够体谅劳动者，自己又没读过多少书，重实务而轻书生。

至于敦煌变文"茶酒论"故事，其本身自民间故事脱胎而来。这个故事以赋的形式出现，说明它已经过文人加工整理，有人考证其为五代到宋初的作品，在民间流传则应更早一些。到明朝又出现同样母题的"茶酒争高"故事。同时在藏族的一些通俗文学中也发现这个题材的作品。由此说明，在中国人心目中把茶看得比酒要重一些。

参考文献

[1] 叶宏，钟真 . 茶艺服务与管理 [M]. 武汉：华中科技大学出版社，2018.

[2] 檀亚芳，刘学芬 . 茶文化与茶艺 [M]. 北京：北京大学出版社，2011.

[3] 陈宗懋 . 中国茶经 [M]. 上海：上海文化出版社，1992.

[4] 孙亚新 . 中国家庭茶艺百科 [M]. 北京：中国轻工业出版社，2007.

[5] 龚永新 . 茶文化与茶道艺术 [M]. 北京：中国农业出版社，2006.

[6] 王玲 . 中国茶文化 [M]. 北京：九州出版社，2009.

[7] 杨涌 . 茶艺服务与管理 [M]. 南京：东南大学出版社，2007.

[8] 刘馨秋 . 茶的起源及饮茶习俗的全球化 [J]. 农业考古，2015.05(16–17).

[9] 侯力丹 . 初探先秦时期的古代茶文化 [J]. 福建茶叶，2016.08(371–372).

[10] 程晓蘋 . 从茶文物看唐朝时期的茶文化风俗 [J]. 农业考古，2003.04(114–116).

[11] 郭建平 . 从茶舞的历史变迁看民族舞蹈的发展 [J]. 福建茶叶，2018.08(390).

[12] 陶德臣 . 近代中国茶叶对外贸易衰落的社会影响 [J]. 北京科技大学学报（社会科学版），2017.01(93–97).

[13] 蔡颖华 . 论古代茶艺与茶文化 [J]. 福建广播电视大学学报，2015.04(23–26).

[14] 竺秉君，竺济法 . 南朝前巴蜀茶史溯源 [J]. 农业考古，2019.05(192–195).

[15] 濮蕾 . 试论明朝政府的“茶马互市”管理制度 [J]. 贵州大学学报（社会科学版），2013.03(116–120).

[16] 罗新芳 . 试论唐朝咏茶文学 [J]. 黑龙江教育学院学报，2016.04(83–85).

[17] 程艳 . 宋朝茶叶贸易的法律保护与历史启发 [J]. 农业考古，2016.02(156–159).

[18] 陶德臣 . 宋朝茶叶的发展 [J]. 农业考古，2015.04(49–53).

[19] 贾璞 . 探析采茶舞的文化价值体现 [J]. 福建茶叶，2018.07(399).

[20] 蒋云刚 ; 周娴婷 . 我国茶歌的起源和发展 [J]. 福建茶叶，2016.11(311–312).

[21] 康小曼 . 我国传统采茶舞的继承与发展 [J]. 福建茶叶，2018.03(96).

[22] 刘方冉，周新华 . 中国古代茶画中的文人意趣初探 [J]. 美术大观，2016.03(95).

[23] 黄丽婷 . 中日茶文化的对比分析— —以“茶俗与婚礼”为中心 [J]. 大众文艺，2016.16(261).

[24] 竺秉君，竺济法 . 南朝前巴蜀茶史溯源 [J]. 农业考古 .2019(05）(192–196).